清华电脑学堂

U0134227

剪映短视频剪辑与制作标准教程

刘彩霞 / 编著

清华大学出版社

北京

内容简介

本书通过剪映 App 制作多个短视频热门案例，教你成为剪辑出爆款短视频的高手。本书内容涵盖多个专题内容，从剪映 App 软件基础到剪辑技巧、调色、特效效果、字幕效果、配音技巧、卡点技巧、个人短片、Vlog 短片、商业短片及综合案例，帮助读者快速上手剪映 App 和剪辑爆款短视频。本书内容均为干货技巧，从认识剪映界面到剪映功能的使用方法，从短视频基础剪辑到剪映创意剪辑，一本书教你玩转剪映短视频，解决剪映后期剪辑的核心问题，实现从小白到达人的转变，及时收获短视频的流量红利。

本书适合喜欢拍摄与剪辑短视频的读者，特别是想运用手机快速进行剪辑、制作爆款短视频效果的读者，也可以作为视频剪辑相关专业的教材。

图书在版编目（CIP）数据

剪映短视频剪辑与制作标准教程 / 刘彩霞编著. —北京：清华大学出版社，2024.1

（清华电脑学堂）

ISBN 978-7-302-65522-0

Ⅰ.①剪… Ⅱ.①刘… Ⅲ.①视频制作－教材 Ⅳ.①TN948.4

中国国家版本馆CIP数据核字（2024）第036553号

责任编辑：张　敏
封面设计：郭二鹏
责任校对：胡伟民
责任印制：宋　林

出版发行：清华大学出版社

网　　　　址：https://www.tup.com.cn，https://www.wqxuetang.com
地　　　　址：北京清华大学学研大厦A座　　邮　　编：100084
社　总　机：010-83470000　　邮　　购：010-62786544
投稿与读者服务：010-62776969，c-service@tup.tsinghua.edu.cn
质　量　反　馈：010-62772015，zhiliang@tup.tsinghua.edu.cn
课　件　下　载：https://www.tup.com.cn，010-83470236

印　装　者：北京博海升彩色印刷有限公司
经　　销：全国新华书店
开　　本：170mm×240mm　　印　张：12.25　　字　数：335千字
版　　次：2024年3月第1版　　印　次：2024年3月第1次印刷
定　　价：79.80元

产品编号：099552-01

前言

随着社交媒体的普及，短视频已经成为人们日常生活中不可或缺的一部分。在这个时代，短视频已经成为人们表达自己、分享生活、传递信息的重要方式。本书的编写目的是帮助读者更好地掌握短视频的制作技巧，让读者能够制作出更加精美、有趣、有吸引力的短视频。

短视频的兴起，不仅改变了人们的生活方式，也改变了传统媒体的格局。短视频的制作和传播，已经成为一种新的文化和生活方式。在这个时代，每个人都有机会成为一名短视频制作人，通过自己的创意和努力，制作出令人惊艳的短视频作品。然而，短视频制作并不是一件简单的事情。要制作出一部优秀的短视频作品，需要掌握一定的技巧和方法。我们希望本书能够帮助广大短视频爱好者更好地了解短视频制作的基本流程和技巧，提高短视频制作的水平和质量。

本书详细介绍了使用剪映 App 制作短视频方方面面的知识，包含了短视频制作的基础知识、剪辑技巧、音乐配合、特效应用等方面的内容。

本书共 9 章，分为基础和应用两部分。

第一部分（1～4章）：剪映App的软件基础

这一部分介绍剪映 App 的功能，包括剪辑、音乐配音、字幕、调色、特效等一些基础的短视频制作技巧。这些内容是拍摄好短视频的基础，掌握好这些技法，可以让你的短视频更加生动、有趣。

第二部分（5～9章）：短视频的应用技巧

这一部分介绍一些剪映 App 在短视频实操中的案例，包括卡点技巧、个人短片、Vlog 短片、商业短片及综合案例等。这些技法可以让你的短视频更加有特色，更具有个性化色彩，同时也可以让你更好地表达自己的创意和想法。

注意：剪映软件在更新过程中，会经常更换按钮称谓，如将"文本"变更为"文字"，按钮位置和功能没有变化，这些都是细微更新，对软件使用没有影响，故全书描述中统一用"文字"。

▌附赠资源：

本书通过扫码下载资源的方式为读者提供增值服务，这些资源包括 PPT 课件、视频教程、素材资源等。

PPT 课件

视频教程

素材资源

本书案例均配有视频讲解，希望大家在学习本书教程的过程中，配合视频讲解，并能够保持耐心和热情，不断地探索和尝试，相信大家一定能够制作出令人惊艳的短视频作品。祝愿大家在短视频制作的道路上越走越远，越走越好！

本书主要由西安工程学院刘彩霞老师编写，参与本书内容编写和整理工作的人员还有毕泗国、黄金枝、崔泰然、徐日升等。

本书内容丰富、结构清晰、参考性强，讲解由浅入深且循序渐进，知识涵盖面广又不失对细节的把握，非常适合作为视频剪辑教材使用。由于作者水平有限，书中错误、疏漏之处在所难免。在感谢您选择本书的同时，也希望您能够把对本书的意见和建议告诉我们。

作 者

目录

第一部分　剪映 App 的软件基础

剪映基本操作

调色效果

音频编辑

添加字幕

第二部分　短视频的应用技巧

特效制作

第6章 文艺短片制作

第7章 个人短片制作

第8章 Vlog 短视频制作

第9章 商业影片制作实战

第一部分
剪映 App 的软件基础

第1章
剪映基本操作

　　剪映 App 是抖音推出的在手机端使用的一款视频剪辑软件。相较于剪映专业版，剪映 App 的界面及面板更为简要明了，布局更适合手机端用户，也更适用于快速剪辑和发布短视频，能帮助用户更快地编辑短视频、更高效地制作特效并发布视频。

1.1　初识剪映

在使用剪映 App 进行后期编辑之前，首先需要对这个软件有一个基础的了解，下面将带领大家认识剪映，并简要介绍该软件的使用方法。

作为抖音推出的剪辑工具，剪映可以说是一款非常适用于视频创作新手的剪辑"神器"，它操作简单且功能强大，同时与抖音的衔接应用也是其深受广大用户所喜爱的原因之一。

剪映 App 与剪映专业版（PC 端）的最大区别在于两者基于的用户端不同，因此，界面的布局势必有所不同。相较于剪映专业版，剪映 App 基于手机屏幕，虽然屏幕较小，但是为用户呈现的功能更为简洁、直观，可直接连接到手机相册中，即拍即编辑，这是 PC 端软件所不具备的优势。图 1.1 和图 1.2 所示分别为剪映 App 和剪映专业版的工作界面展示效果。

 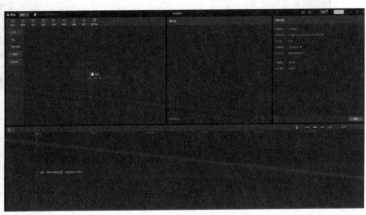

图 1.1　　　　　　　　　　　　　　　　图 1.2

剪映 App 的诞生时间较早，目前，既有的功能和模块一直趋于较为完备的转态，而剪映专业版由于推出的时间不长，部分功能和模块还处于待完善状态，相信随着用户群体的不断壮大，其功能也会逐步更新和完善。

 1.2　剪映 App 的工作界面

启动剪映 App 后，首先映入眼帘的是首页界面，本节将为各位读者介绍剪映 App 的工作界面和功能。

1.2.1　认识剪映 App

创建与管理剪辑项目，是视频编辑处理的基本操作，也是各位新手用户需要优先学习的内容。下面就为大家介绍，利用剪映 App 制作出创建与管理剪辑项目的操作方法。

Step 01 启动剪映 App，在首页界面中点击"开始创作"按钮。

Step 02 进入"照片视频"界面，此时可以选择手机相册中的素材文件，这里我们选择两段视频文件，点击"添加"按钮，如图 1.3 所示。也可以将素材进行分屏排版，点击"分屏排版"按钮，可以进入分屏页面进行设置，如图 1.4 所示。

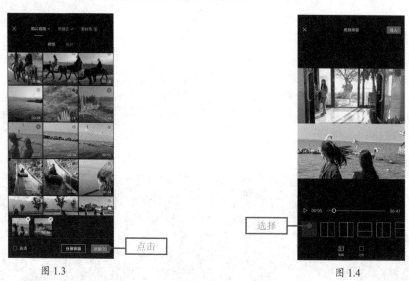

图 1.3　　　　　　　　　　　　　　　　　图 1.4

Step 03 在打开的视频编辑界面中，选中的两段视频已经排在了界面下方的"时间轴"中，这样就完成了素材的调用。用户可以随时点击"添加"按钮 + 添加素材，进行编辑处理，如图 1.5 所示。

Step 04 点击在视频编辑界面左上角的"关闭"按钮，可以返回首页，此时可以看到刚刚创建的剪辑项目被存放到了"草稿剪辑"区域，如图 1.6 所示。长按该项目可以进入选择模式，点击项目下方的标题栏右侧按钮，可以打开展开列表，进行"重命名""上传""剪映快传""删除"等操作，如图 1.7 所示。

图 1.5　　　　　　　　　　　图 1.6　　　　　　　　　　　图 1.7

Step 05 在展开列表中，点击"重命名"选项，然后修改剪辑项目的名称为"旅行"，如图 1.8 所示。

Step 06 在展开列表中，点击"复制草稿"选项，在"草稿剪辑"区域将得到一个相同的副本项目，如图 1.9 所示。

图 1.8

图 1.9

1.2.2 编辑界面

在创建剪辑项目后，即可进入剪映的视频编辑界面，如图 1.10 所示。

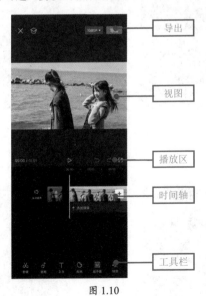

图 1.10

1.工具栏

工具栏位于编辑界面的下方，包含"剪辑""音频""文字""贴纸"等选项，如图 1.11 所示。

图 1.11

剪辑：点击"剪辑"按钮，用户可对剪辑项目进行基本管理，如对素材进行分割、变速等操作，如图 1.12 所示。

音频：点击"音频"按钮，可打开音乐素材列表，可添加和编辑音频，如图 1.13 所示。

图 1.12

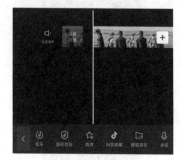

图 1.13

文字：点击"文字"按钮，可打开文字素材列表，可处理字幕和文字，如图 1.14 所示。

贴纸：点击"贴纸"按钮，可打开贴纸素材列表，可添加贴纸素材，如图 1.15 所示。

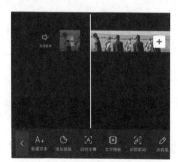

图 1.14

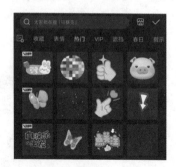

图 1.15

画中画：点击"画中画"按钮，可打开画中画列表，可叠加画中画特效，如图 1.16 所示。

特效：点击"特效"按钮，可打开特效素材列表，可给素材添加特效，如图 1.17 所示。

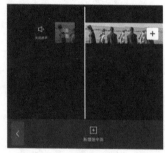

图 1.16

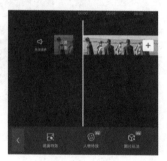

图 1.17

素材包：点击"素材包"按钮，可打开转场素材列表，可编辑素材预设，如图 1.18 所示。

滤镜：点击"滤镜"按钮，可打开滤镜素材列表，可给素材添加滤镜，如图 1.19 所示。

图 1.18

图 1.19

比例：点击"比例"按钮，可对画面进行比例的设置，如图 1.20 所示。

背景：点击"背景"按钮，可对画面进行背景处理，如图 1.21 所示。

调节：点击"调节"按钮，可对素材进行亮度、对比度、饱和度等颜色参数的调节，如图 1.22 所示。

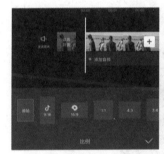

图 1.20

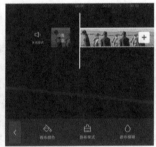

图 1.21

图 1.22

2.视图和播放区

当用户在剪映中导入素材后，可在播放区中点击"播放"按钮▷进行播放，点击"全屏"按钮⬚可单独打开播放器进行播放，如图 1.23 所示。

3.时间轴

时间轴位于视图区域的下方，是编辑和处理视频素材的主要工作区域，如图 1.24 所示。

图 1.23

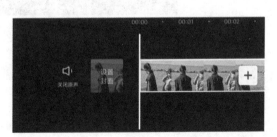

图 1.24

当在时间轴上选择一个视频素材后，下方工具栏中的按钮会根据相应的素材内容进行改变，如果选择了视频或图片，则弹出如图1.25所示的功能按钮；如果选择了音频，则弹出如图1.26所示的功能按钮。总之，在时间轴选择不同的元素内容，下方的功能按钮会相应地进行变化。

图 1.25

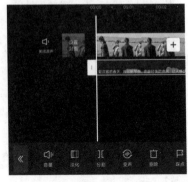

图 1.26

4.导出

点击"导出"按钮会对时间轴中的项目进行影片输出，输出格式和视频设置可点击"1080P"按钮 1080P▾ 进行设置，可进行视频和GIF格式的输出参数设置，如图1.27所示。

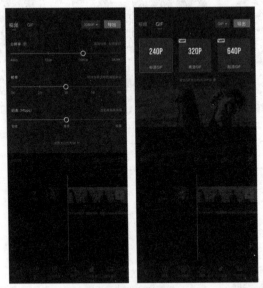

图 1.27

1.2.3 剪映云

利用剪映编辑视频时，系统会自动将剪辑视频保存至草稿箱，草稿箱的内容一旦删除就找不到，为了避免这种情况，用户可以将重要的视频发布到云空间，这样不仅可以将视频备份存储，还可以实现多设备同步编辑。

Step01 启动剪映 App，登录抖音账号，在草稿箱中勾选需要进行备份的视频，点击"上传"按钮 ⬆，如图 1.28 所示。

Step02 在界面弹出的对话框中可新建文件夹，然后点击"上传到此"按钮，如图 1.29 所示。

图 1.28

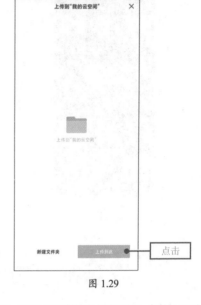

图 1.29

Step03 将视频备份至云端后，点击"剪映云"按钮，可以查看存储的视频项目，如图 1.30 所示。

Step04 在计算机上打开剪映专业版，登录同一个剪映账号，点击"我的云空间"按钮，同样可以在"我的云空间"里看见上述备份的视频项目。

Step05 点击视频缩览图中的"下载"按钮，可将视频下载至本地，如图 1.31 所示。

图 1.30

图 1.31

Step 06 跳转至主界面后，可以看到该视频项目已下载至"本地草稿"，如图 1.32 所示；用户点击视频缩览图，即可打开视频编辑界面，继续进行编辑，如图 1.33 所示。

图 1.32

图 1.33

1.3 素材叠加

剪映支持用户编辑和处理 jpg、png、mp4、mp3 等多种格式的文件，在剪映中创建剪辑项目后，用户可以将计算机中或剪映素材库的视频素材、图像素材、音频素材导入剪辑项目。

Step 01 启动剪映 App，在首页界面中点击"开始创作"按钮。进入"素材库"选择界面，如图 1.34 所示。

Step 02 ❶点击"片头"按钮，在片头列表中选择"元气出发"素材，如图 1.35 所示，❷点击界面右下角的"添加"按钮，即可将该素材添加到时间轴中，如图 1.36 所示。

图 1.34

图 1.35

图 1.36

Step 03 在时间轴右侧点击"添加"按钮 $\boxed{+}$，❶在弹出的相册中选择几幅照片；❷点击"添加"按钮，将选择的照片素材添加到时间轴中，如图 1.37 所示。

Step 04 在时间轴中点击素材 1 的缩览图，选中素材，将素材右侧的白色拉杆向左拖动，使素材的持续时间缩短至 1s，余下素材重复上述操作，如图 1.38 所示。

图 1.37　　　　　　　　　　　　　　　　图 1.38

Step 05 将时间线定位至最后段素材的尾端，点击"添加"按钮 $\boxed{+}$，打开素材库选项栏，❶点击"片尾"按钮；❷在片尾列表中选择一个素材；❸点击该素材缩览图右下角的"添加"按钮，将片尾素材添加到时间轴中，如图 1.39 所示。

图 1.39

Step06 完成上述操作后，播放预览视频，效果如图 1.40 所示。点击右下角的"全屏"按钮 ，可全屏预览视频效果。点击"播放"按钮 ，即可播放视频。用户在进行视频编辑操作后，点击"撤回"按钮 ，即可撤销上一步操作。

图 1.40

1.4 素材分割

在剪映中导入素材之后，可以对其进行分割处理，并删除多余的片段，下面介绍使用剪映 App 制作出素材分割的具体操作方法。

Step01 启动剪映 App，在首页界面中点击"开始创作"按钮。进入素材选择界面，选择一个视频文件，点击"添加"按钮，将素材添加到时间轴中，如图 1.41 所示。

图 1.41

Step 02 选中素材 1，拖曳时间线至视频画面中想要剪切的位置，如图 1.42 所示，点击"分割"按钮 Ⅱ，将视频切割成两部分，如图 1.43 所示。

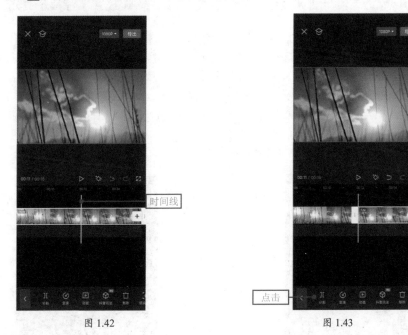

图 1.42   图 1.43

Step 03 执行操作后，即可分割视频，选中分割出来的后半段视频，点击"删除"按钮 □，即可删除多余的视频片段，如图 1.44 所示。如果想恢复视频的长度，将素材右侧的白色拉杆向右拖动，即可恢复视频长度，如图 1.45 所示。

图 1.44   图 1.45

1.5 素材替换

在进行视频编辑处理时，如果用户对某个部分的画面效果不满意，直接删除该素材，势必会对整个剪辑项目产生影响。想要在不影响项目的情况下换掉不满意的素材，可以通过剪映中的"替换"功能轻松实现。

Step01 在剪映中导入多段视频素材并添加到时间轴上，选择需要进行替换的素材片段，点击工具栏的"替换"按钮，在弹出的相册中选择一个要替换的视频，此时视频时间会对不上，需要拖动范围框，选择实践范围，如图 1.46 所示。

Step02 执行操作后，选中的素材片段便会被替换成新的视频片段，如图 1.47 所示。

图 1.46

图 1.47

1.6 裁剪画面

用户在前期拍摄视频时，如果发现画面局部有瑕疵，或者构图不太理想，也可以在后期利用剪映的"裁剪"功能裁掉部分画面，有两种方法可以实现裁剪画面的操作，下面介绍使用剪映 App 裁剪画面的具体的操作方法。

方法一：

Step01 在剪映中导入视频素材并添加到时间轴上，选择素材片段，点击工具栏的"编辑"

按钮 进入编辑页面，继续点击"裁剪"按钮 ，如图 1.48 所示。

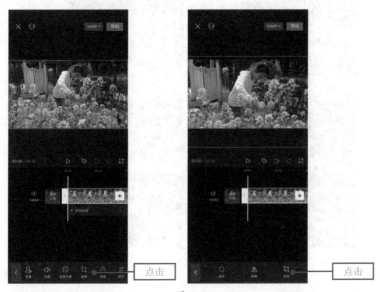

图 1.48

Step 02 ❶在"裁剪"对话框的预览区域中拖曳裁剪控制框，对画面进行适当裁剪；❷点击"确定"按钮 ，确认裁剪操作，如图 1.49 所示。

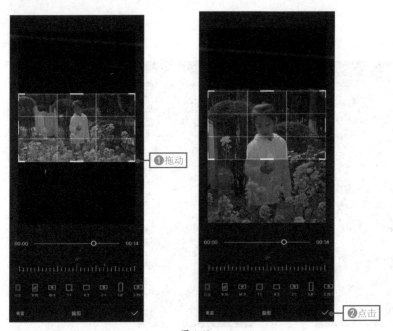

图 1.49

方法二：❶在时间轴选择素材，此时视图中出现红色范围框；❷用两指捏合屏幕，可实现放大或缩小的操作，如图 1.50 所示。

图 1.50

1.7 视频导出

当用户完成对视频的剪辑操作后，可以通过剪映的"导出"功能，开始导出视频作品为 .mp4、mov 等格式的成品。下面介绍将视频导出为高清画质的操作方法。

图 1.51

图 1.52

Step01 在剪映中导入一段视频素材，并将其添加到时间轴中，点击"1080P"按钮，如图 1.51所示。

Step02 将"分辨率"设置为 2K/4K 选项，"帧率"设置为60，"码率"设置为"较高"选项，（注意，此处的"帧率"参数要与视频拍摄时选择的参数相同，否则即使选择最高的参数也会影响画质），如图 1.52 所示。

Step03 点击"导出"按钮，显示导出进度，导出完成后即可在相册中找到导出的视频文件。

第 2 章
调色效果

　　后期调色就是对拍摄的视频进行调整，使视频的色彩风格一致，这是视频后期制作中的一个重要环节，但每个人调出的色调都不一样，具体的色调还得看个人的感觉，本章调色案例中的步骤和参数仅为参考，希望读者可以理解调色的思路，能够举一反三。

2.1 晴朗湛蓝万用公式

蓝天白云是一个能运用在多种类型照片中的调色方法，因为不论是人物类还是风景类，其中出现天空的概率都非常大。在使用这个方法调色后，原本偏暗的蓝天变得明亮纯净，如图 2.1 所示。

图 2.1

Step01 在剪映 App 中导入素材，❶选择视频素材；❷点击"调节"按钮 ，如图 2.2 所示。

Step02 切入"调节"界面后，❶选择"亮度"选项；❷拖动滑杆，把参数值调整至 5，如图 2.3 所示。

图 2.2

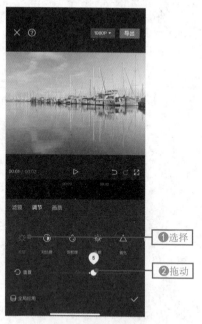

图 2.3

Step03 ❶选择"对比度"选项；❷拖动滑杆，把参数值调整至 15，如图 2.4 所示。

Step04 ❶选择"饱和度"选项；❷拖动滑杆，把参数值调整至 20，如图 2.5 所示。

Step05 ❶选择"光感"选项；❷拖动滑杆，把参数值调整至 −5，如图 2.6 所示。

Step06 ❶选择"色温"选项；❷拖动滑杆，把参数值调整至 −5，如图 2.7 所示。

图 2.4

图 2.5

图 2.6

图 2.7

2.2　晶莹剔透圣洁氛围

雪景的调色方法是把普通镜头下拍出的毫无变化的白雪变得更加富有层次，显现出其晶莹剔透特点的一种调色方法，如图 2.8 所示。下面介绍使用剪映 App 制作出雪景调色的具体操作方法。

图 2.8

Step01 在剪映 App 中导入素材。❶选择视频素材；❷点击"调节"按钮🎚️，如图 2.9 所示。

Step02 切入"调节"界面，❶选择"亮度"选项；❷拖动滑杆，把参数值调整至 5，如图 2.10 所示。

图 2.9

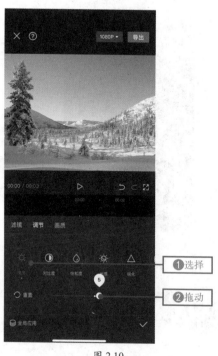

图 2.10

Step 03 ❶选择"对比度"选项；❷拖动滑杆，把参数值调整至 20，如图 2.11 所示。

Step 04 ❶选择"饱和度"选项；❷拖动滑杆，把参数值调整至 20，如图 2.12 所示。

图 2.11

图 2.12

Step 05 ❶选择"锐化"选项；❷拖动滑杆，把参数值调整至 15，如图 2.13 所示。

Step 06 ❶选择"色温"选项；❷拖动滑杆，把参数值调整至 −5，如图 2.14 所示。

图 2.13

图 2.14

Step 07 点击"返回上一层"按钮 ◀ 返回，再导入一次原素材，点击"转场"按钮 ⊟，如图 2.15 所示。

Step 08 ❶在"基础转场"类型里，选择"眨眼"转场；❷拖动滑杆，调整转场效果的时长，如图 2.16 所示。全部参数调整完成后再添加音乐。

图 2.15

图 2.16

2.3 肌肤光滑清晰白嫩

通过人物照片的调色方法，可以将人物部分有纹理感、粗糙的皮肤变得光滑白嫩，把人物整体暗沉的肤色提亮，如图 2.17 所示。下面介绍使用剪映 App 制作出人物照片调色的具体操作方法。

Step 01 在剪映 App 中导入两次素材。❶选择第二段视频素材；❷点击"滤镜"按钮 ⊗，如图 2.18 所示。

Step 02 切入"滤镜"界面，❶转换到"人像"类型；❷选择"奶油"滤镜；❸拖动滑杆，调节滤镜参数，如图 2.19 所示。

图 2.17

①选择

②点击

图 2.18

①转换

②选择

③拖动

图 2.19

Step03 点击"返回上一层"按钮 ◁ 返回，再点击"调节"按钮 ⇄ ，如图 2.20 所示。

Step04 切入"调节"界面，❶选择"亮度"选项；❷拖动滑杆，把参数值调整至 10，如图 2.21 所示。

点击

图 2.20

①选择

②拖动

图 2.21

Step 05 ❶选择"对比度"选项；❷拖动滑杆，把参数值调整至 10，如图 2.22 所示。

Step 06 ❶选择"饱和度"选项；❷拖动滑杆，把参数值调整至 5，如图 2.23 所示。

图 2.22　　　　　　　　　　　图 2.23

Step 07 ❶选择"锐化"选项；❷拖动滑杆，把参数值调整至 16，如图 2.24 所示。

Step 08 ❶选择"色温"选项；❷拖动滑杆，把参数值调整至 −5，如图 2.25 所示。

图 2.24　　　　　　　　　　　图 2.25

Step09 点击"返回上一层"按钮☑返回，再点击"转场"按钮▯，如图 2.26 所示。

Step10 ❶在"幻灯片"类型中选择"向下擦除"转场效果；❷拖动滑杆，调节时长，如图 2.27 所示。最后添加音乐。

图 2.26

图 2.27

◱ 2.4 温柔光彩布满天空

日落色调是一种适合调节夕阳云彩的调色方法，这种调色方法可以把普通的夕阳、云彩景色变成充满浪漫梦幻气息，如图 2.28 所示。下面介绍使用剪映 App 制作出日落色调的具体操作方法。

Step 01 在剪映 App 中导入素材，❶选择视频素材；❷点击"滤镜"按钮⟳，如图 2.29 所示。

Step 02 切入"滤镜"页面，❶选择"风景"类型中的"暮色"滤镜；❷拖动滑杆，调节参数值为 70，如图 2.30 所示。

Step 03 点击"返回上一层"按钮☑返回，再点击"调节"按钮⟳，进入界面：❶选择"亮度"选项；❷拖动滑杆，把参数值调整至 10，如图 2.31 所示。

Step 04 ❶选择"对比度"选项；❷拖动滑杆，把参数值调整至 10，如图 2.32 所示。

图 2.28

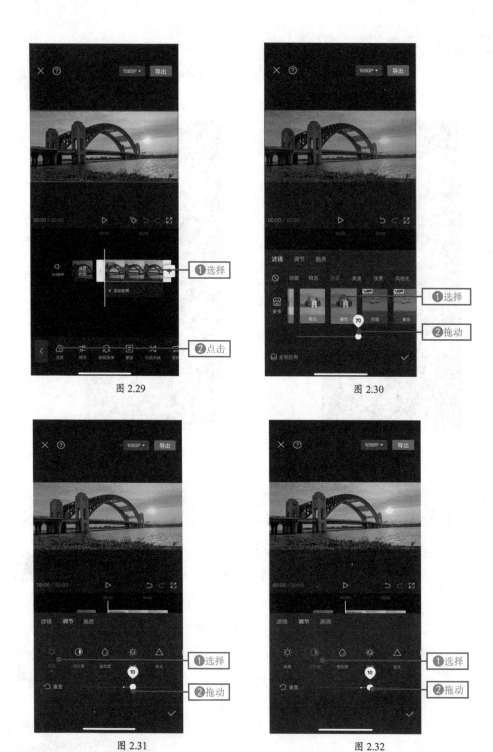

图 2.29   图 2.30

图 2.31   图 2.32

Step 05 ❶选择"饱和度"选项；❷拖动滑杆，把参数值调整至 20，如图 2.33 所示。

Step 06 ❶选择"锐化"选项；❷拖动滑杆，把参数值调整至 30，如图 2.34 所示。

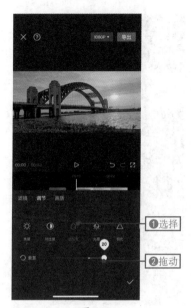

图 2.33

图 2.34

Step 07　①选择"高光"选项；②拖动滑杆，把参数值调整至 15，如图 2.35 所示。

Step 08　①选择"色温"选项；②拖动滑杆，把参数值调整至 16，如图 2.36 所示。

图 2.35

图 2.36

Step 09　①选择"色调"选项；②拖动滑杆，把参数值调整至 10，如图 2.37 所示。

Step 10　点击"返回上一层"按钮 ⟨ 返回，点击"画中画"按钮 和"新增画中画"按钮

，导入原素材，将其扩大铺满屏幕，如图 2.38 所示。

扩大

①选择

②拖动

图 2.37　　　　　　　　　　　　　　　图 2.38

Step11　点击"比例"按钮▣，选择"9：16"选项。返回，点击"画中画"按钮▣，导入原视频素材；调节两条视频位置。再点击"文字"按钮▣和"新建文本"按钮▣，制作出对比图，如图 2.39 所示。

Step12　点击"返回上一层"按钮◀返回，再点击"特效"按钮❀，如图 2.40 所示。

制作

点击

图 2.39　　　　　　　　　　　　　　　图 2.40

Step13　❶转换至"纹理"类型；❷选择"磨砂纹理"，如图 2.41 所示。

Step14 点击"返回上一层"按钮 ◀ 返回，再拖动特效拉杆右侧调节时长，使其与视频时长一致，如图 2.42 所示。

图 2.41

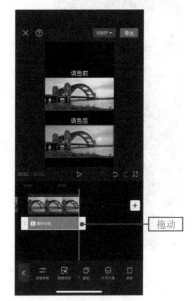

图 2.42

2.5　绚烂霓虹未来城市

赛博朋克是一种充满未来科技感风格的色调，用来调节城市建筑类视频，让普通的图片瞬间被蓝紫色调渲染后，从而变得色彩绚烂，灯光扑洒，如图 2.43 所示。下面介绍使用剪映 App 制作出赛博朋克色调的具体操作方法。

图 2.43

Step01 在剪映 App 中，连续两次导入同一素材。❶选择第二段视频素材；❷点击"滤镜"按钮 ⊗，如图 2.44 所示。

Step02 切入"滤镜"界面后，❶点击"风格化"类型；❷选择"赛博朋克"滤镜，如图 2.45 所示。

图 2.44

图 2.45

Step03 点击"返回上一层"按钮◁返回，再点击"调节"按钮■，切入"调节"界面，
❶选择"亮度"选项；❷拖动滑杆，把参数值调整至 5，如图 2.46 所示。

Step04 ❶选择"对比度"选项；❷拖动滑杆，把参数值调整至 10，如图 2.47 所示。

图 2.46

图 2.47

Step05 ❶选择"饱和度"选项；❷拖动滑杆，把参数值调整至 -10，如图 2.48 所示。

Step06 ❶选择"锐化"选项；❷拖动滑杆，把参数值调整至 15，如图 2.49 所示。

图 2.48

图 2.49

Step07 ❶选择"色温"选项；❷拖动滑杆，把参数值调整至 30，如图 2.50 所示。

Step08 ❶选择"色调"选项；❷拖动滑杆，把参数值调整至 –15，如图 2.51 所示。

图 2.50

图 2.51

Step09 点击"返回上一层"按钮 ❬ 返回，点击"转场"按钮 ❘，切入"转场"界面，❶选择"叠化"选项，再选择"闪白"转场；❷拖动滑杆，调整转场时长，如图 2.52 所示。

Step10 点击"返回上一层"按钮 $\langle$ 返回，再点击"音频"按钮 $\natural$、"音效"按钮 $\hat{\nabla}$，转换至"机械"类型；❶选择"拍照声 2"音效，❷点击"使用"按钮，如图 2.53 所示。完成以上步骤后调整音效位置，添加背景音乐。

图 2.52

图 2.53

2.6 鲜艳唯美春意盎然

鲜花色调的调色方法可以让原相机镜头拍摄出的花朵从黯淡无光变得娇美鲜艳，而且在调色后，可以使整个画面充满阳光暖意，如图 2.54 所示。下面介绍使用剪映 App 制作出鲜花色调的具体操作方法。

图 2.54

Step01 在剪映 App 中导入素材。❶选择视频素材；❷拖动右侧的视频拉杆，把时长设为7s，如图 2.55 所示。

Step02 ❶拖动时间条至第 2s；❷点击"分割"按钮，如图 2.56 所示。

图 2.55　　　　　　　　　　　　　　　　　　图 2.56

Step03 点击"转场"按钮，如图 2.57 所示。

Step04 ❶选择"基础转场"类型后，再选择"向右擦除"转场；❷拖动滑杆，调整转场效果的时长，如图 2.58 所示。

图 2.57　　　　　　　　　　　　　　　　　　图 2.58

Step 05 点击"确定"按钮☑，❶选择第二段视频素材；❷点击"滤镜"按钮⊠，如图 2.59 所示。

Step 06 切入"滤镜"界面，❶选择"风景"类型中的"暮色"滤镜；❷拖动滑杆，把参数值调整至 50，如图 2.60 所示。

图 2.59

图 2.60

Step 07 点击"返回上一层"按钮☒返回，再切入"调节"界面，❶选择"亮度"类型；❷拖动滑杆，把参数值调整至 5，如图 2.61 所示。

Step 08 ❶选择"对比度"选项；❷拖动滑杆，把参数值调整至 10，如图 2.62 所示。

图 2.61

图 2.62

Step 09 ❶选择"饱和度"选项；❷拖动滑杆，把参数值调整至 10，如图 2.63 所示。

Step 10 ❶选择"锐化"选项；❷拖动滑杆，把参数值调整至 16，如图 2.64 所示。

图 2.63

图 2.64

Step 11 ❶选择"高光"选项；❷拖动滑杆，把参数值调整至 -5，如图 2.65 所示。

Step 12 ❶选择"阴影"选项；❷拖动滑杆，把参数值调整至 6，如图 2.66 所示。

图 2.65

图 2.66

Step 13 ❶选择"色温"选项；❷拖动滑杆，把参数值调整至 -10，如图 2.67 所示。

Step14 ❶选择"色调"选项；❷拖动滑杆，把参数值调整至-5，如图2.68所示。最后添加喜欢的背景音乐。

图 2.67

图 2.68

2.7 仿古陈旧韵味十足

图 2.69

复古色调是把现代的图片经过调色使其变得陈旧，具有年代感，类似于20世纪八九十年代时流行的胶片风格，如图2.69所示。下面介绍使用剪映App制作出复古色调的具体操作方法。

Step01 在剪映App中导入素材，添加音乐。❶选择视频素材；❷点击"滤镜"按钮🎞，如图2.70所示。

Step02 切入"滤镜"界面，❶转换至"复古胶片"类型；❷选择"港风"滤镜，如图2.71所示。

Step03 点击"返回上一层"按钮❮返回，再点击"调节"按钮📊，进入调节界面；❶选择"亮度"选项；❷拖动滑杆，把参数值调整至-5，如图2.72所示。

Step04 ❶选择"对比度"选项；❷拖动滑杆，把参数值调整至-5，如图2.73所示。

Step05 ❶选择"饱和度"选项；❷拖动滑杆，把参数值调整至-10，如图2.74所示。

图 2.70

图 2.71

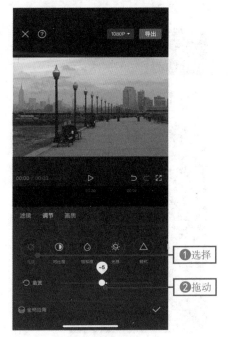

图 2.72

图 2.73

Step 06 ❶选择"锐化"选项；❷拖动滑杆，把参数值调整至 25，如图 2.75 所示。

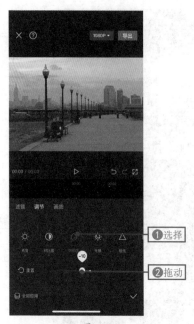

图 2.74

图 2.75

Step 07 ❶选择"高光"选项；❷拖动滑杆，把参数值调整至 5，如图 2.76 所示。

Step 08 ❶选择"色温"选项；❷拖动滑杆，把参数值调整至 –10，如图 2.77 所示。

图 2.76

图 2.77

Step 09 ❶选择"色调"选项；❷拖动滑杆，把参数值调整至 –5，如图 2.78 所示。

Step 10 ❶选择"褪色"选项；❷拖动滑杆，把参数值调整至 50，如图 2.79 所示。

图 2.78

图 2.79

Step 11 点击"返回上一层"按钮 **〈** 返回，点击"比例"按钮 **▢**，选择"9∶16"选项，如图 2.80 所示。

Step 12 点击"返回上一层"按钮 **〈** 返回，点击"画中画"按钮 **▣**，❶导入原视频素材；❷调节两条视频位置，如图 2.81 所示。

图 2.80

图 2.81

Step 13 点击"返回上一层"按钮 **〈** 返回，再点击"文字"按钮 **T** 和"新建文本"按

钮 ，如图 2.82 所示。

Step 14 ❶输入文字，❷调节文字大小和位置，如图 2.83 所示。

图 2.82　　　　　　　　　　　　　图 2.83

Step 15 点击"返回上一层"按钮 返回，再点击"复制"按钮，如图 2.84 所示。

Step 16 完成以上步骤后，❶修改文字内容，❷调节文字位置，如图 2.85 所示。

图 2.84　　　　　　　　　　　　　图 2.85

第3章
音频编辑

在短视频中，音频是非常重要的内容元素。一段好的背景音乐或者语音旁白，不仅可以烘托视频主题，还能够感染观众情绪，是视频不可或缺的一部分。剪映为用户提供了完备的音频处理功能，支持用户使用各种方式导入音频，也支持用户对音频素材进行剪辑、音频淡化处理、变声和变速处理等。

3.1　添加音频

在剪映中，用户不仅可以自由地调用音乐素材库中不同类型的音乐素材，还可以添加抖音收藏中的音乐，或者提取本地视频中的音乐，本节将介绍以不同方式为视频添加音频的方式。

3.1.1　给视频添加背景音乐

剪映中不仅具有非常丰富的背景音乐曲库，而且进行了十分细致的分类，用户可以根据自己的视频内容或主题来快速选择合适的背景音乐。下面介绍使用剪映 App 给视频添加背景音乐的具体操作方法。

Step01 在剪映中导入视频素材并将其添加到时间轴中，点击"关闭原声"按钮将原声关闭，如图 3.1 所示。

Step02 点击"音频"按钮，切换至"音频"功能区，再点击"音乐"按钮，如图 3.2 所示。

图 3.1

图 3.2

Step03 在"添加音乐"界面的分类中有各种类型的音乐可以使用，如果看到喜欢的音乐，也可以点击"收藏"图标，将其收藏起来，待下次剪辑视频时可以在"收藏"列表中快速选择该背景音乐，如图 3.3 所示。

Step04 在搜索框中输入想要搜索的音乐关键词，如"生日"，点击歌名即可进行试听，试听满意后点击"使用"按钮，如图 3.4 所示。

Step05 将时间线拖曳至视频结尾处，点击"分割"按钮，如图 3.5 所示。

Step06 点击"删除"按钮，将后面多余的音乐删除，如图 3.6 所示。

图 3.3

图 3.4

图 3.5

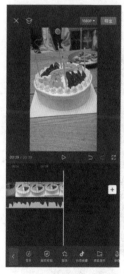

图 3.6

▌3.1.2 给视频添加场景音效

剪映中提供了很多有趣的场景音效，用户可以根据短视频的内容来添加合适音效，如综艺、笑声、人声、魔法、美食、动物等类型。下面介绍使用剪映 App 给视频添加场景音效的具体操作方法。

Step 01 在剪映中导入视频素材并将其添加到时间轴中，点击"音频"按钮，切换至"音频"功能区，如图 3.7 所示。点击"音效"按钮，打开"音效"界面，如图 3.8 所示。

图 3.7 图 3.8

Step 02 选择"动物"类型，在列表中找到"蜂群蜂鸣声"音效，点击"使用"按钮，如图 3.9
所示。

Step 03 将时间线拖曳至视频需要发音处，如图 3.10 所示。

图 3.9 图 3.10

▎3.1.3 提取视频的背景音乐

如果用户看到其他背景音乐好听的视频，可以将其保存到手机中，并通过剪映来提取视频
中的背景音乐，将其用到自己的视频中。下面介绍使用剪映 App 从视频文件中提取背景音乐
的具体操作方法。

Step 01 在剪映中导入视频素材并将其添加到时间轴中，点击"音频"按钮，切换至"音频"功能区，如图 3.11 所示。点击"提取音乐"按钮，如图 3.12 所示。

点击

点击

图 3.11   图 3.12

Step 02 在弹出的窗口中选择相应的视频素材，点击"仅导入视频的声音"按钮，如图 3.13 所示。

Step 03 执行操作后即可将提取的音频添加至音频轨道上。调整音频素材的持续时长，使其长度和视频素材保持一致即可，如图 3.14 所示。

点击

图 3.13   图 3.14

3.2 音频处理

剪映为用户提供了较为完备的音频处理功能，支持用户在剪辑项目中对音频素材进行淡化、变声、变调、变速等处理。

▌3.2.1 对音频进行淡入淡出处理

设置音频淡入淡出效果后，可以让短视频的背景音乐显得不那么突兀，给观众带来更加舒适的视听感。下面介绍用剪映 App 设置音频淡入淡出效果的具体操作方法。

Step 01 在剪映中导入视频素材并将其添加到时间轴中，点击"关闭原声"按钮 将原声关闭，如图 3.15 所示。

Step 02 点击"音频"按钮 ，切换至"音频"功能区，再点击"音乐"按钮 。在曲库中，选择一首合适的背景音乐，如图 3.16 所示。

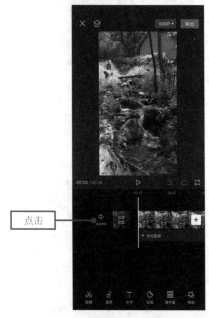

图 3.15   图 3.16

Step 03 将时间线拖曳至视频结尾处，❶点击"分割"按钮 ，❷点击"删除"按钮 ，将后面多余的音乐删除，如图 3.17 所示。

Step 04 在时间轴中选择音频轨道，点击"淡化"按钮 ，如图 3.18 所示。

Step 05 在"淡化"页面设置"淡入时长"和"淡出时长"。淡入是指背景音乐开始响起时，声音会缓缓变大；淡出是指背景音乐即将结束时，声音会渐渐消失，如图 3.19 所示。

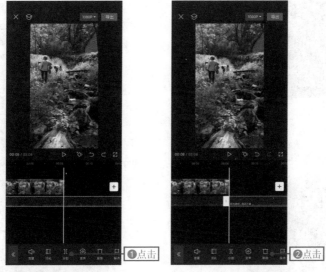

图 3.17

图 3.18

图 3.19

3.2.2　对音频进行变声处理

在处理短视频的音频素材时，用户可以给其增加一些变声的特效，让声音效果变得更加有趣。下面介绍用剪映 App 中的多音频进行变声处理的具体操作方法。

Step 01 打开剪映 App，点击"开始创作"按钮，打开视频编辑界面，点击"素材库"按钮，打开素材库选项栏，从中选择一段女孩唱歌的视频素材，点击"添加"按钮，如图 3.20 所示，将其添加至时间轴中，如图 3.21 所示。

图 3.20

图 3.21

Step 02 在时间轴选择视频片段，点击"变声"按钮，如图 3.22 所示。

Step 03 在"变声"界面中选择"大叔"声音进行设置，执行操作后，即可改变视频中的人声效果，如图 3.23 所示。

图 3.22

图 3.23

▌3.2.3　对音频进行变速处理

使用剪映可以对音频播放速度进行放慢或加快等变速处理，从而制作出一些特殊的背景音乐效果。下面介绍使用剪映 App 对音频进行变速处理的具体操作方法。

Step01 在剪映中导入视频素材并将其添加到视频轨道中，在音频轨道中添加一首合适的背景音乐，如图 3.24 所示。

Step02 选择音频轨道，点击"变速"按钮，如图 3.25 所示。

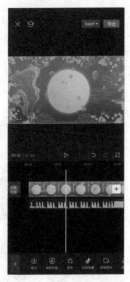

图 3.24

图 3.25

Step03 在"变速"界面中向右拖曳滑块，默认的"变速"参数为 1x，将倍数设置为 2x，如图 3.26 所示。

Step04 在时间轴中，将时间线拖曳至视频结尾处，点击"分割"按钮，点击"删除"按钮，将后面多余的音乐删除（使其长度和视频素材保持一致），如图 3.27 所示。

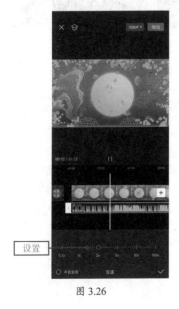

图 3.26

图 3.27

3.2.4 对音频进行变调处理

使用剪映的"声音变调"功能可以实现不同声音的效果，如奇怪的快速说话声、男女声音的调整互换等。下面介绍使用剪映 App 对音频进行变调处理的具体操作方法。

Step01 在剪映中导入包含语音的视频素材并将其添加到视频轨道中，如图 3.28 所示。

Step02 选择视频轨道，点击"变速"按钮 ⟳，选择"常规变速"选项，如图 3.29 所示。如果用户想制作一些有趣的短视频作品，如使用不同播放速率的背景音乐，来体现视频剧情的紧凑或舒缓，此时就需要对音频进行变速处理。

Step03 ❶选择"声音变调"选项，❷设置变速为 2x，❸点击"确定"按钮 ✓ 确定，如图 3.30 所示。播放预览视频，背景音乐会以 2 倍速播放，整体时长缩短。

图 3.28　　　　　　　　　图 3.29　　　　　　　　　图 3.30

3.3 自动踩点

自动踩点的制作方法是剪映 App 自动标出节拍点的功能，在使用后可以快速根据节拍点制作出卡点视频，简单便捷，如图 3.31 所示。下面介绍使用剪映 App 制作出自动踩点的具体操作方法。

Step01 在剪映 App 中导入素材，增添一段背景音乐，如图 3.32 所示。

Step02 选择音频轨道，点击"踩点"按钮 ⊟，如图 3.33 所示。

图 3.31

增添

图 3.32

点击

图 3.33

Step 03 ❶点击"自动踩点"按钮，❷选择"踩节拍Ⅰ"选项，如图 3.34 所示。

Step 04 点击"确定"按钮✓，踩点增添成功，如图 3.35 所示。

❶点击 ❷选择

图 3.34

增添

图 3.35

Step 05 ❶选择第一段视频轨道；❷拖动右侧拉杆，使其与第二个节拍点对齐，调节第一段视频时长，如图 3.36 所示。

Step 06 用上述方法，调节第二段视频轨道时长并删除多余音频轨道，如图 3.37 所示。

❶选择 ❷拖动

图 3.36　　　　　　　　　　　　　　　　　图 3.37

Step 07 ❶拖动时间轴到第一段视频起始位置；❷点击"特效"按钮，如图 3.38 所示。

Step 08 ❶转换到"氛围"类型；❷选择"星火炸开"特效，如图 3.39 所示。

❶拖动

❷点击

❶转换

❷选择

图 3.38　　　　　　　　　　　　　　　　　图 3.39

Step 09 拖动特效轨道右侧拉杆，使其和第二个节拍点对齐，如图 3.40 所示。

Step 10 点击"返回上一层"按钮返回，再点击"画面特效"按钮，如图 3.41 所示。

图 3.40

图 3.41

拖动

点击

Step11　选择"星火Ⅱ"特效，如图 3.42 所示。

Step12　返回并调节时长，使其与第三个节拍点对齐，❶选择第二段视频轨道；❷点击"动画"按钮，如图 3.43 所示。

图 3.42

图 3.43

选择

❶选择

❷点击

Step13 点击"入场动画"选项，如图 3.44 所示。

Step14 ❶选择"雨刷Ⅱ"选项；❷拖动滑杆调节动画时长，如图 3.45 所示。

图 3.44

图 3.45

3.4 缩放卡点

　　缩放卡点的制作方法是使用剪映 App 自带的缩放画面效果来让视频变大变小，在制作后视频画面就会来回变化，富有节奏感，如图 3.46 所示。下面介绍使用剪映 App 制作出缩放卡点的具体操作方法。

图 3.46

Step01 导入素材并增添背景音乐，❶选择第一段视频；❷拖动右侧拉杆调节时长为2.0s，如图3.47所示。

Step02 ❶选择第二段视频；❷拖动右侧拉杆调节时长为1.7s，如图3.48所示。

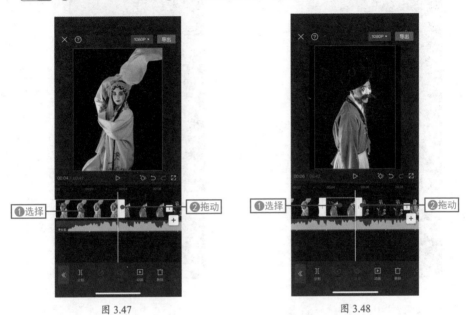

图3.47　　　　　　　　　　　　　　　　　图3.48

Step03 用上述相同方法把剩余视频时长调节为0.6s，如图3.49所示。

Step04 ❶选择第一段视频；❷点击"动画"中的"组合动画"选项，如图3.50所示。

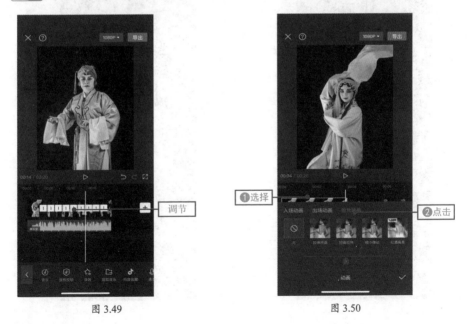

图3.49　　　　　　　　　　　　　　　　　图3.50

Step05 选择"回弹伸缩"动画，如图3.51所示。

Step06 ❶选择第二段视频；❷选择"缩放"动画，如图 3.52 所示。

图 3.51

图 3.52

Step07 用上述方法给其他视频增添"缩放"动画，如图 3.53 所示。

Step08 点击"滤镜"按钮，如图 3.54 所示。

图 3.53

图 3.54

Step09 ❶转换到"人物"类型；❷选择"亮肤"滤镜，如图 3.55 所示。

Step10 点击"返回上一层"按钮 < 返回并拖动滤镜轨道两侧拉杆调节时长，使其与视频时长相同，如图 3.56 所示。

①转换

②选择

图 3.55

调节

图 3.56

Step11 点击"特效"按钮 ✦，如图 3.57 所示。

Step12 ❶转换到"氛围"类型；❷选择"星火炸开"特效，如图 3.58 所示。调节特效时长，使其与视频时长相同。

点击

图 3.57

①转换

②选择

图 3.58

3.5 立体卡点

图 3.59

立体卡点的制作方法可以把普通的平面视频和图片变成立方体动画的效果，这种效果是由剪映 App 提供，可直接使用，美观便捷，如图 3.59 所示。下面介绍使用剪映 App 制作出立体卡点的具体操作方法。

Step 01 在剪映 App 中导入素材并增添一段背景音乐。❶选择音频轨道；❷点击"踩点"按钮❐，如图 3.60 所示。

Step 02 ❶拖动时间轴到要踩点的位置；❷点击"+添加点"按钮，如图 3.61 所示。

图 3.60

图 3.61

Step 03 用上述方法给音频增添其他节拍点，❶选择第一段视频；❷拖动右侧拉杆调节第一段视频时长和第一个节拍点位置相同，如图 3.62 所示。

Step 04 用同样方法调节其他视频轨道时长，如图 3.63 所示。

Step 05 ❶选择第一段视频；❷点击"蒙版"按钮◻，如图 3.64 所示。

Step 06 ❶选择"爱心"蒙版；❷调节蒙版大小，如图 3.65 所示。

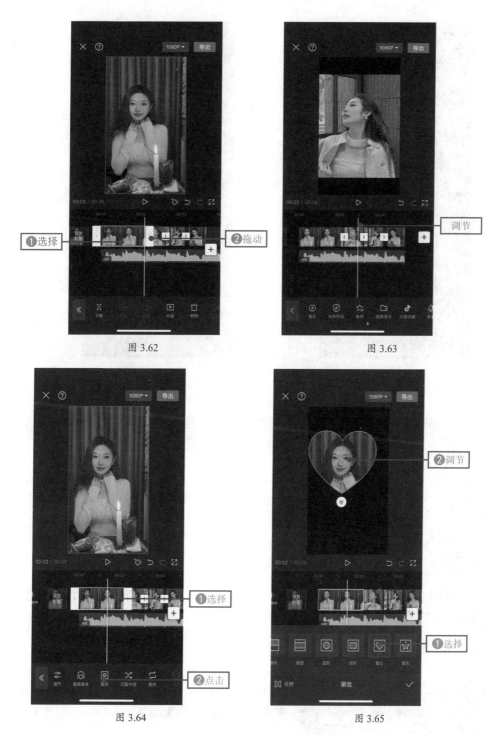

图 3.62

图 3.63

图 3.64

图 3.65

Step 07 点击"动画"中的"组合动画"选项，如图 3.66 所示。

Step 08 选择"立方体"动画，如图 3.67 所示。用上述方法给其他素材增添蒙版和动画。

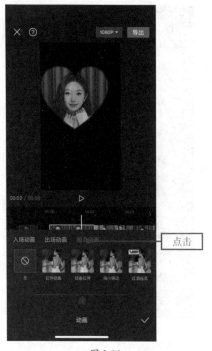

图 3.66

图 3.67

3.6 甩入卡点

甩入卡点的制作方法是使用剪映 App 的滤镜和动画效果组合制作而成，在制作后视频变得极具动感氛围和创意性，如图 3.68 所示。下面介绍使用剪映 App 制作出甩入卡点的具体操作方法。

Step 01 导入素材并增添音乐。❶选择视频轨道；❷拖动右侧拉杆调节时长与音频时长相同，如图 3.69 所示。

Step 02 ❶选择音频轨道；❷点击"踩点"按钮 ，如图 3.70 所示。

Step 03 ❶拖动时间轴到需要踩点的位置；❷点击"＋添加点"按钮，如图 3.71 所示。

Step 04 用同样方法给音频添加其他节拍点，❶拖动时间轴到最后一个节拍点的位置；❷选择视频轨道；❸点击"分割"按钮 ，如图 3.72 所示。

图 3.68

图 3.69

图 3.70

图 3.71

图 3.72

Step 05 ❶选择第一段视频；❷点击"复制"按钮🔲，如图 3.73 所示。

Step 06 点击"画中画"按钮🔲，如图 3.74 所示。

图 3.73

图 3.74

Step 07 ❶选择复制的视频；❷点击"切画中画"按钮 ⚋，如图 3.75 所示。

Step 08 往左拖动时间轴与第一个节拍点对齐，再把画中画轨道和时间轴对齐，把画中画轨道的起始位置与第一个节拍点对齐，如图 3.76 所示。

图 3.75

图 3.76

Step 09 ❶选择画中画轨道；❷点击"复制"按钮 ⧉，如图 3.77 所示。

Step10 往左拖动复制的画中画轨道，使其起始位置和第二个节拍点对齐，如图 3.78 所示。

❶选择

❷点击

拖动

图 3.77　　　　　　　　　　　　　　　　　图 3.78

Step11 用同样的方法再增添两条画中画，使其起始位置分别和第三、四个节拍点对齐，如图 3.79 所示。

Step12 ❶选择第一段中画；❷拖动右滑杆调节第一段画中画时长，再与第五个节拍点对齐，如图 3.80 所示。

增添

❶选择　　　　❷拖动

图 3.79　　　　　　　　　　　　　　　　　图 3.80

Step13 用相同方法调节其他画中画时长，❶选择第一段画中画；❷适当缩小画面，如图 3.81 所示。

Step14 ❶选择第二段画中画；❷缩小画面；❸点击"滤镜"按钮⊠，如图 3.82 所示。

图 3.81

图 3.82

Step15 ❶转换至"风格化"类型；❷选择"蒸汽波"滤镜，如图 3.83 所示。

Step16 用同样方法缩小第三段画中画大小，并选择一个滤镜，如图 3.84 所示。

图 3.83

图 3.84

Step17 ❶缩小第四段画中画的画面大小；❷点击"动画"中的"入场动画"选项，如图 3.85 所示。

Step18 ❶选择"向下甩入"动画；❷拖动滑杆调节时长，如图 3.86 所示。

图 3.85

图 3.86

Step19 选择第三段画中画，点击"入场动画"选项，❶选择"向右甩入"；❷拖动滑杆调节时长，如图 3.87 所示。

Step20 用上述方法给第一段和第二段画中画增添动画，❶选择第二段视频；❷点击"组合动画"，如图 3.88 所示。

图 3.87

图 3.88

Step21 选择"百叶窗Ⅱ"动画，如图 3.89 所示。

Step22 ❶拖动时间轴到第二段视频的起始位置；❷点击"特效"按钮，如图 3.90 所示。

选择

①拖动

②点击

图 3.89　　　　　　　　　　　　　　　　　图 3.90

Step 23　❶转换到"光"类型；❷选择"胶片漏光"特效，如图 3.91 所示。

Step 24　调节特效时长与第二段视频时长相同，如图 3.92 所示。

①转换

②选择

调节

图 3.91　　　　　　　　　　　　　　　　　图 3.92

3.7　复制链接

使用复制链接的制作方法可以直接在抖音 App 中复制其他视频的背景音乐，在复制后直接在剪映 App 中下载使用。下面介绍使用剪映 App 制作出复制链接的具体操作方法。

Step 01 在抖音中发现喜欢的背景音乐后，点击"分享"按钮，如图 3.93 所示。再点击"复制链接"按钮，如图 3.94 所示。

Step 02 复制后，在剪映 App 中粘贴并下载。

图 3.93   图 3.94

Step 03 导入视频素材，点击"音频"按钮 和"音乐"按钮，如图 3.95 所示。

Step 04 点击"导入音乐"按钮，如图 3.96 所示。

图 3.95   图 3.96

Step05 ❶在文本框里粘贴复制的链接；❷点击"下载"按钮，如图 3.97 所示。

Step06 下载完成后，点击"使用"按钮，如图 3.98 所示。

图 3.97　　　　　　　　　　　　　　　图 3.98

Step07 使用后，生成音乐轨道，如图 3.99 所示。

Step08 删除多余音乐轨道，使其和视频长度一致，如图 3.100 所示。

图 3.99　　　　　　　　　　　　　　　图 3.100

第4章
添加字幕

为了让视频的信息更丰富，让重点更突出，很多视频都会添加一些文字，如视频的标题、字幕、关键词、歌词等。除此之外，为文字增加一些贴纸或动画效果，并将其安排在恰当位置，还能令视频画面更具美感。本章将专门针对剪映中与文字相关的功能进行讲解，让读者能制作出图文并茂的视频。

4.1 创建基本字幕

剪映有多种添加字幕的方法，用户可以手动输入，也可以使用识别功能自动添加，还可以使用朗读功能实现字幕和音频的转换。

▌4.1.1 在视频中添加文字

添加文字的制作方法可以给拍摄好的视频添加文本内容，可以在制作后的视频上显示自己想要表达的文字内容。下面介绍使用剪映 App 制作出添加文字的具体操作方法。

Step 01 点击"开始创作"按钮，❶选择视频素材；❷点击"添加"按钮，如图 4.1 所示。

Step 02 导入视频素材后，点击"文字"按钮，如图 4.2 所示。

图 4.1

图 4.2

Step 03 点击"新建文本"按钮，如图 4.3 所示。

Step 04 切入文字编辑界面后，可长按文本框粘贴文字，如图 4.4 所示。

图 4.3

图 4.4

Step 05 可在文本框中输入想要的文字内容，如图 4.5 所示。

Step 06 点击"确定"按钮 ✓，添加文字完成。按住文字拖动可调节位置，如图 4.6 所示。

图 4.5

图 4.6

4.1.2　将文字自动转换为语音

剪映中的"文本朗读"功能能够自动将视频中的文字内容转换为语音，提升观众的观看体验。下面介绍使用剪映 App 将文字转换成语音的操作方法。

Step 01 在剪映中导入视频素材并将其添加至时间轴中，将时间线定位至视频的起始位置，点击"文字"按钮 Ｔ，再点击"新建文本"按钮 A+，添加一个文本轨道，如图 4.7 所示。

Step 02 在文本编辑功能区中输入相应的文字内容，将文字移动到屏幕下方的位置，❶选择字体为"星光体"；❷将字号的数值设置为 15，如图 4.8 所示。

图 4.7

图 4.8

Step03 复制一个文本轨道，将其移动到第一段文字的后面，在文本编辑功能区的文本框中输入相应的文字，如图 4.9 所示。

Step04 参照上一步的操作方法，为视频添加其他字幕，如图 4.10 所示。

图 4.9　　　　　　　　　　　　　　　　图 4.10

Step05 选择第一段字幕素材，❶点击"文本朗读"按钮 <u>Aa</u>；❷在朗读功能区中选择"甜美解说"选项，点击"开始朗读"按钮，如图 4.11 所示。在制作教程类或解说类短视频时，"文本朗读"功能非常实用，可以帮助用户快速做出具有文字配音的视频效果。

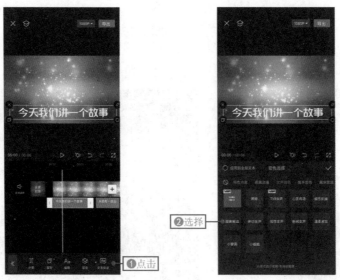

图 4.11

Step06 稍等片刻，即可将文字转换为语音，并自动在时间轴中生成与文字内容同步的音频轨道，如图 4.12 所示。

Step 07 参照上面步骤的操作方法，将第二段和第三段文字转换为语音，并调整好文字素材的持续时长，使其和音频素材的长度保持一致，如图 4.13 所示。使用"自动朗读"功能为视频添加音频后，用户还可以在"音频编辑"功能区中调整音量、淡入淡出时长、变声和变速等选项，打造出更具个性化的配音效果。

图 4.12

图 4.13

4.1.3　识别视频中的字幕

剪映的识别字幕功能准确率非常高，能够帮助用户快速识别并添加与视频时间对应的字幕内容，提升视频的创作效率，下面介绍使用剪映 App 识别视频中的字幕的具体的操作方法。

Step 01 在剪映中导入带语音的视频素材，在时间轴中将该素材选中，如图 4.14 所示。

Step 02 点击"文字"按钮，再点击"新建文本"按钮，如图 4.15 所示。

图 4.14

图 4.15

Step 03 点击"识别字幕"按钮，进入字幕识别界面，点击"开始匹配"按钮，如图4.16所示。

Step 04 如果用户编辑的视频项目中本身就存在字幕轨道，在"识别字幕"选项中可以选中"同时清空已有字幕"单选按钮，快速清除原来的字幕轨道。稍等片刻，即可生成对应的语音字幕，如图4.17所示。

点击

图 4.16

图 4.17

Step 05 生成文字素材后，用户可以对字幕进行单独或统一的样式修改，以呈现更加精彩的画面效果。选中任意一段字幕素材，如图4.18所示。

Step 06 设置字体的字号和样式，并在视图中调整好文字素材的大小和位置，注意勾选"应用到所有字幕"复选框，如图4.19所示。在识别人物台词时，如果人物说话的声音太小或者语速过快，就会影响字幕自动识别的准确性，因此，在完成字幕的自动识别工作后，一定要检查一遍，以便及时地对错误的文字内容进行修改。

图 4.18

勾选

图 4.19

4.2　添加字幕效果

多使用字幕特效，能够更吸引观众的眼球，让观众更加清晰地了解视频所要讲述的内容。本节将介绍 3 种字幕效果的制作方法，帮助读者快速掌握字幕的使用技巧。

▌4.2.1　制作滚动字幕

滚动字幕主要是利用剪映的文本动画和混合模式的滤色功能，同时结合剪映素材库中的素材制作而成，使用剪映 App 制作出滚动字幕的具体操作方法如下。

Step01 打开剪映的视频编辑界面，点击"素材库"按钮，从中选择一段具有简单背景的视频素材，点击"添加"按钮，将其添加至时间轴中，如图 4.20 所示。

Step02 在时间线的起始位置处添加一个文本轨道，并输入相应的文字内容，调整好文字素材的持续时长，使其长度与视频素材的长度保持一致，如图 4.21 所示。

图 4.20　　　　　　　　　　图 4.21

Step03 将文字移动到屏幕下方的位置，将字体设置为黑体，设置相应的字号，如图 4.22 所示。

Step04 点击"动画"按钮，在"循环"动画选项中选择"字幕滚动"效果，调整"动画时长"为"慢"，如图 4.23 所示。用户只要添加循环动画中任意一种动画效果，就会自动应用到所选的全部片段中。同时，用户可以通过调整循环动画的快慢，来改变动画播放效果。

图 4.22

图 4.23

4.2.2 在视频中添加花字效果

剪映中内置了很多花字模板，可以帮助用户一键制作出各种精彩的艺术字效果，下面介绍具体的操作办法。

Step 01 在剪映中导入素材并将其添加到时间轴中，点击"文字"按钮T，再点击"新建文本"按钮A+，添加一个文字轨道，在"花字"选项中选择一款合适的花字模板，将其添加至时间轴中，如图 4.24 所示。

Step 02 在时间轴中选中花字素材，在文字编辑功能区的文本框中输入相应的文字，如图 4.25 所示。

图 4.24

图 4.25

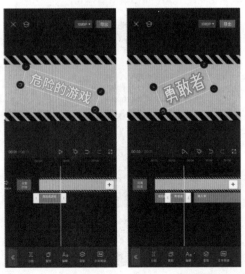

图 4.26　　　　图 4.27

Step 03 在时间轴中调整好花字素材的持续时长，并在播放器的显示区域中调整好花字素材的大小和位置，如图 4.26 所示。

Step 04 参照前面的操作方法，为视频添加其他花字内容，如图 4.27 所示。

4.2.3 添加贴纸字幕

剪映能够直接给短视频添加字幕贴纸效果，让短视频画面更加精彩有趣，更加吸引大家的目光，下面介绍用剪映 App 添加贴纸字幕的具体操作方法。

Step 01 在剪映中导入素材并将其添加到视频轨道中，先点击"文字"按钮T，再点击"新建文本"按钮A+，添加一个文字轨道，然后在"花字"选项中选择一款合适的花字模板，将其添加至时间轴中，如图 4.28 所示。

Step 02 在时间轴中选中花字素材，在文字编辑功能区的文本框中输入相应的文字，如图 4.29 所示。

图 4.28

图 4.29

Step 03 返回，点击"贴纸"按钮，在贴纸选项中选择或在搜索栏中搜索相应的贴纸，将其添加至时间轴中，如图 4.30 所示。

Step 04 在播放器的显示区域中调整好文字素材和贴纸素材的大小和位置，并在时间轴中调整好素材的持续时间，如图 4.31 所示。

图 4.30

图 4.31

Step 05 根据视频的画面内容为视频添加其他贴纸字幕，如图 4.32 所示。

Step 06 播放预览视频，查看制作的贴纸字幕效果，如图 4.33 所示。使用剪映的"贴纸"功能，不需要用户掌握很高超的后期剪辑操作技巧，只需要用户具备丰富的想象力，同时加上巧妙的贴纸组合，以及对各种贴纸的大小、位置和动画效果等进行适当调整，即可瞬间给普通的视频增添更多生机。

图 4.32

图 4.33

4.3 添加创意字幕

用户在刷抖音时，常常可以看见一些极具创意的字幕效果，如文字消散效果、片头镂空文字等，这些创意字幕可以非常有效地吸引用户的眼球，引发用户的关注和点赞，下面介绍一些常用的创意字幕的制作方法。

▍4.3.1 制作镂空文字

本案例介绍的是"镂空文字"的制作方法，主要使用剪映的混合模式、文本动画和关键帧功能，下面介绍使用剪映 App 制作出镂空文字的具体操作方法。

Step 01 在剪映的素材库添加一张黑色图片到视频轨道中，在时间线的起始位置处添加一个文本轨道，输入相应的文字内容，如图 4.34 所示。

Step 02 在文本编辑功能区中，将字体设置为"元气泡泡"，如图 4.35 所示。

图 4.34　　　　　　　　　　　　　　　　图 4.35

Step 03 将文字放大到满屏，如图 4.36 所示。

Step 04 在时间轴中选中文字素材，将素材的持续时长延长至 5s；选中黑场素材，将素材持续时长缩短至 5s，使其长度与文字素材保持一致，如图 4.37 所示。

图 4.36　　　　　　　　　　　　　　　　图 4.37

Step 05 先选中文字素材，将时间线移动至 1s 的位置，在文本编辑区中点击 "添加关键帧" 按钮◇，为视频添加一个关键帧。然后，将时间线往后移动到 5s 的位置，如图 4.38 所示。在视图中用两指捏合的方法将文字旋转并放大，此时剪映会自动再创建一个关键帧，如图 4.39 所示。完成上述操作后，点击 "导出" 按钮，将视频导出。

图 4.38

图 4.39

Step 06 在剪映中新建一个项目，导入一段背景视频素材并将其添加至时间轴中，如图 4.40 所示。

Step 07 点击"画中画"按钮，再在"画中画"界面点击"新增画中画"按钮，如图 4.41 所示。

Step 08 再导入上述黑场视频并将其添加至画中画轨道，如图 4.42 所示。用两指捏合的方式将黑场视频放大至与背景视频一样，点击"混合模式"按钮，在"混合模式"选项区中选择"变暗"选项，如图 4.43 所示。

Step 09 完成所有操作后，播放预览视频，查看镂空文字效果，如图 4.44 所示。

图 4.40

图 4.41

图 4.42

选择

图 4.43

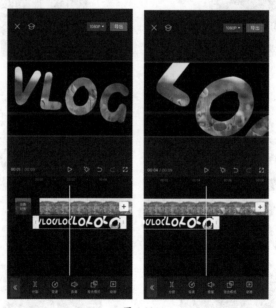

图 4.44

4.3.2 制作卡拉 OK 文字效果

使用剪映的"卡拉 OK"文本动画，可以制作出和真实的卡拉 OK 中一样的字幕动画效果，歌词字幕会根据音乐节奏一个字接着一个字慢慢变换颜色，下面使用剪映 App 制作出卡拉 OK 文字效果的介绍具体操作方法。

Step01 在剪映中导入视频素材并将其添加至时间轴中，在音频轨道中添加一首合适的唱歌背景音乐，并调整好音乐素材的持续时长，使其和视频素材的长度保持一致，如图 4.45 所示。

Step02 点击"文字"按钮🅣，❶点击"新建文本"按钮🄰；❷点击"识别歌词"按钮，如图 4.46 所示。

图 4.45

图 4.46

Step03 进入歌词识别界面，点击"开始匹配"按钮，如图 4.47 所示。

Step04 稍等片刻，轨道中即可自动生成对应的歌词字幕，如图 4.48 所示。

图 4.47

图 4.48

Step 05 选择任意一段字幕素材，在视图中设置好文字的大小和位置，如图 4.49 所示。

Step 06 选中第一段文字素材，点击"动画"按钮，在"入场"动画中选择"卡拉 OK"效果，如图 4.50 所示。

图 4.49

图 4.50

Step 07 在卡拉 OK 动画界面，拖动动画时长滑块，将其数值拉至最大，如图 4.51 所示。

Step 08 播放预览视频，查看制作的卡拉 OK 文字效果，如图 4.52 所示。

图 4.51

图 4.52

▌4.3.3 制作文字消散效果

文字消散的制作方法可以让显示在视频里的字幕逐渐下落，再变成小颗粒慢慢消失。文字消散是一种浪漫唯美的字幕特效，如图 4.53 所示。下面介绍使用剪映 App 制作出文字消散的具体操作方法。

图 4.53

Step01 在剪映 App 里导入素材，❶拖动时间轴到合适位置；❷点击"文字"按钮█，如图 4.54 所示。

Step02 点击"新建文本"按钮█，如图 4.55 所示。

图 4.54

图 4.55

Step03 在文本框中输入文字内容并点击"确定"按钮█，如图 4.56 所示。

Step04 点击"编辑"按钮█，如图 4.57 所示。

图 4.56

图 4.57

Step 05 选择一种字体，如图 4.58 所示。

Step 06 ❶转换到"阴影"类型；❷选择一种阴影颜色；❸拖动滑杆调节阴影程度，如图 4.59 所示。

图 4.58

图 4.59

Step 07 转换到"动画"类型，选择"向下滑动"特效，如图 4.60 所示。

Step 08 拖动底部滑杆，时长调节到 0.8s，如图 4.61 所示。

图 4.60

图 4.61

Step 09 转换到"出场动画"类型，选择"打字机Ⅱ"效果，如图 4.62 所示。

Step 10 拖动底部滑杆，把时长设置为 2.0s，如图 4.63 所示。

图 4.62

图 4.63

Step 11 先点击"画中画"按钮■，再点击"新增画中画"按钮■，添加粒子素材，然后点击"混合模式"按钮■，如图 4.64 所示。

Step 12 选择"滤色"效果，如图 4.65 所示。

图 4.64

图 4.65

Step 13 拖动粒子素材的视频轨道至文字下滑停止的位置，如图 4.66 所示。

Step 14 选中粒子素材的视频轨道，调节画面大小至铺满画面，如图 4.67 所示。

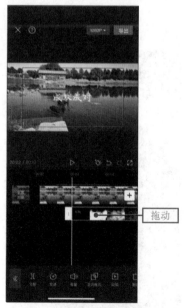

图 4.66

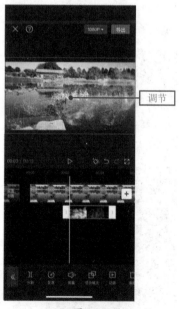

图 4.67

4.4 气泡文字动画

气泡文字动画的制作方法可以让单调的文字动起来，制作后，视频上显示的静态文字将变成动态文字，剪映 App 中提供了多种文字动画效果，如图 4.68 所示。下面介绍使用剪映 App 制作出文字动画的具体操作方法。

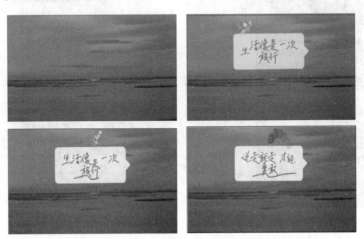

图 4.68

Step 01 在剪映 App 中导入素材。点击"文字"按钮**T**，再点击"新建文本"按钮**A+**，添加一个文本轨道，选择文字样式，如图 4.69 所示。

Step 02 转换到"气泡"类型；❶选择一个模板；❷调节位置大小，如图 4.70 所示。

图 4.69

图 4.70

Step 03 点击"动画"按钮，选择"音符弹跳"，如图 4.71 所示。

Step 04 拖动滑杆，调节动画效果的时长，如图 4.72 所示。

图 4.71　　　　　　　　　　　　　　　　图 4.72

Step 05 在"出场"类型中选择"向右擦除"效果，如图 4.73 所示。

Step 06 拖动滑杆，调节出场动画的时长，如图 4.74 所示。

图 4.73　　　　　　　　　　　　　　　　图 4.74

Step 07 点击"确定"按钮✓，❶选择第二段字幕轨道；❷点击"动画"按钮，如图 4.75 所示。

Step 08 用同样的方法，给其他字幕增添文字动画效果，如图 4.76 所示。

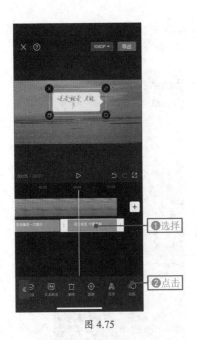

图 4.75

图 4.76

<h1>4.5　多种贴纸样式丰富画面</h1>

添加贴纸的制作方法可以给单调的普通视频上增添贴纸效果，制作后，视频画面将更加丰富有趣，剪映 App 中提供了许多贴纸样式可供选择，如图 4.77 所示。下面介绍使用剪映 App 添加贴纸的具体操作方法。

图 4.77

Step 01 在剪映 App 中导入素材。点击"文字"按钮 **T**，如图 4.78 所示。

Step 02 切入"文字"界面，点击"添加贴纸"按钮 ⊙，如图 4.79 所示。

图 4.78

图 4.79

Step 03 选择"烟花"贴纸模板，如图 4.80 所示。

Step 04 选择一种贴纸，如图 4.81 所示。

图 4.80

图 4.81

Step 05 调节贴纸位置和大小，如图 4.82 所示。

Step 06 用同样方法也可以增添多个其他款式贴纸，然后调节贴纸轨道时长，如图 4.83 所示。

图 4.82

图 4.83

4.6 多重文字风格

多重文字风格的制作方法是在剪映 App 中使用它所提供的多种文字样式，然后根据自己的喜好或者视频风格的需要来调节文字样式的参数值，如图 4.84 所示。下面介绍使用剪映 App 制作出多重文字风格的具体操作方法。

图 4.84

Step01 打开剪映 App，导入一个视频素材，点击"文字"按钮█，再点击"新建文本"按钮█，添加一个文本轨道，输入文字，拖动文字轨道右侧滑杆，调节文字时长，如图 4.85 所示。

Step02 拖动预览区域文本框右下角的图标，调节文字大小，如图 4.86 所示。

图 4.85　　　　　　　　　　　　　　　　　图 4.86

Step03 点击工具栏的"字体"类型，选择合适的字体样式，如图 4.87 所示。

Step04 选择文字的样式，选择文字效果，如图 4.88 所示。

图 4.87　　　　　　　　　　　　　　　　　图 4.88

Step 05 点击"描边"选项，设置描边的颜色和粗细参数值，如图 4.89 所示。

Step 06 点击"背景"选项，设置文字背景的参数值，如图 4.90 所示。

图 4.89

图 4.90

Step 07 点击"阴影"选项，调节文字阴影的参数值，如图 4.91 所示。

Step 08 ❶点击"排列"选项，调节文字的排列方式；❷拖动下方滑杆，调节大小和间距，如图 4.92 所示。

图 4.91

图 4.92

4.7 移动文字

　　移动文字的制作方法一般适用于视频开头或片头字幕，在制作后，视频中央的字幕会逐渐缩小，然后移动到视频角落，如图 4.93 所示。下面介绍使用剪映 App 制作出移动文字的具体操作方法。

图 4.93

Step01 在剪映 App 中导入素材。点击"文字"按钮 ▊，如图 4.94 所示。

Step02 点击"新建文本"按钮 ▊，如图 4.95 所示。

图 4.94

图 4.95

Step 03 ❶输入文字内容；❷选择一个字体样式，如图 4.96 所示。

Step 04 ❶点击"排列"类型，选择一个排列方式；❷点击"动画"选项，如图 4.97 所示。

图 4.96　　　　　　　　　　　　　　图 4.97

Step 05 ❶选择"入场"中的"缩小"效果；❷拖动滑块调节时长为 1.5s，如图 4.98 所示。

Step 06 添加效果后，❶拖动时间轴到缩小效果结束的位置；❷点击"返回首页"按钮《返回，如图 4.99 所示。

图 4.98　　　　　　　　　　　　　　图 4.99

Step 07 点击"新建文本"按钮 ，如图 4.100 所示。

Step 08 ❶输入文字；❷在预览区缩小文本框再拖动到第一个文本框右下角；❸点击"样式"选项，如图 4.101 所示。

图 4.100

图 4.101

Step 09 ❶在样式中选择一种颜色；❷点击"动画"选项，如图 4.102 所示。

Step 10 在"入场"类型中选择"渐显"效果，如图 4.103 所示。

图 4.102

图 4.103

Step 11 拖动文字轨道右侧滑杆，调节时长与原视频长度一致，如图 4.104 所示。

Step 12 ❶拖动时间轴到第二条文字轨道的动画结束的位置；❷点击"添加关键帧"按钮◇增添一个关键帧，如图 4.105 所示。

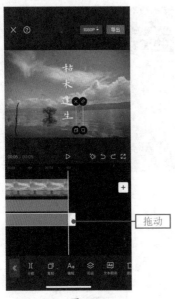

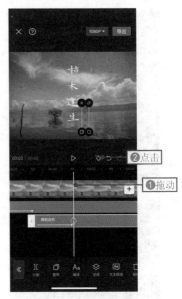

图 4.104　　　　　　　　　　　　　　　图 4.105

Step 13 ❶选择第一条文字轨道，增添一个关键帧；❷拖动时间轴到文字移动结束的位置，如图 4.106 所示。

Step 14 ❶缩小两个文本框再拖动到视频右下角；❷自动生成关键帧，如图 4.107 所示。

图 4.106　　　　　　　　　　　　　　　图 4.107

Step15 ❶拖动时间轴到第二条文字轨道的起始位置；❷点击"音频"按钮♪和"音效"按钮✩，如图 4.108 所示。

Step16 ❶转换到"转场"类型；❷选择"嗖嗖"音效；❸点击"使用"按钮，如图 4.109 所示。

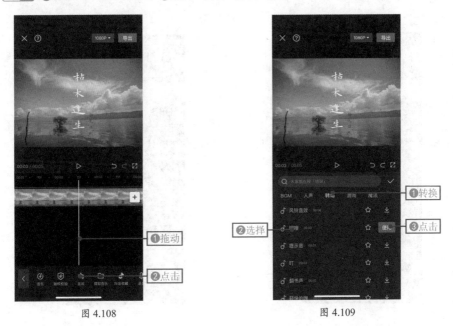

图 4.108　　　　　　　　　　　　　图 4.109

4.8　错落字幕排版

错落字幕的制作方法可以让原本相同大小的文字变成大小不一的文字样式，制作后的字幕排版错落有致，有一种设计感，如图 4.110 所示。下面介绍使用剪映 App 制作出错落字幕的具体操作方法。

图 4.110

Step 01 在剪映 App 中导入素材并增添背景音乐。点击"文字"按钮 **T**，再点击"新建文本"按钮 **A+**，如图 4.111 所示。

Step 02 ❶ 输入歌词的前两个字；❷ 选择一个字体样式；❸ 调节位置和大小；❹ 字体颜色选择蓝色，如图 4.112 所示。

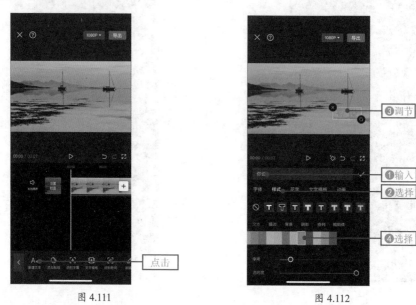

图 4.111　　　　　　　　　　　　　图 4.112

Step 03 ❶ 点击"新建文本"按钮 **A+**，输入第一句歌词的第三、四个字；❷ 调节位置和大小，如图 4.113 所示。

Step 04 点击"返回上一层"按钮 **〈**，再点击"新建文本"按钮 **A+**，❶ 输入剩余歌词并分为两行；❷ 选择白色字体颜色，如图 4.114 所示。

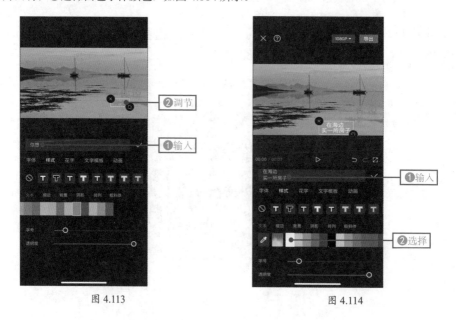

图 4.113　　　　　　　　　　　　　图 4.114

Step05 ❶转换到"排列"类型；❷选择向右对齐；❸调节位置和大小，如图 4.115 所示。

Step06 ❶点击"新建文本"按钮，再输入一个破折号；❷调节位置和大小，如图 4.116 所示。

图 4.115

图 4.116

Step07 点击"添加贴纸"按钮，如图 4.117 所示。

Step08 ❶搜索"音浪"贴纸并选择一种贴纸；❷调节位置和大小，如图 4.118 所示。

图 4.117

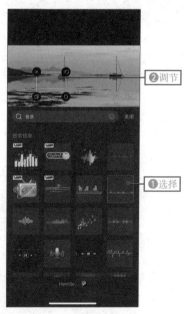

图 4.118

101

Step 09 ❶搜索"耳机"贴纸并选择一种贴纸；❷调节位置和大小，如图4.119所示。

Step 10 拖动所有文字和贴纸轨道右侧拉杆，调节时长，使其和视频时长一致，如图4.120所示。

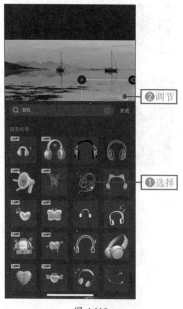

图 4.119

图 4.120

4.9 百变文字外形

百变文字外形的制作方法可以在拍好的视频里增添文字效果，而且文字效果有多种模板可供选择，在制作后，视频上即能显示想要的文字效果，如图4.121所示。下面介绍使用剪映App制作出百变文字外形的具体操作方法。

图 4.121

Step01 在剪映 App 中导入素材。点击"文字"按钮▐Ｔ，如图 4.122 所示。

Step02 点击"文字"中的"文字模板"按钮▐Ａ，如图 4.123 所示。

图 4.122

图 4.123

Step03 切入"文字模板"界面后，会出现多个类型可供选择，如图 4.124 所示。

Step04 ❶选择"新闻"类型；❷选择一个文字模板，如图 4.125 所示。

图 4.124

图 4.125

Step05 ❶点击文字可修改文字内容；❷拖动文字右下角图标调整大小；❸拖动文字可调节位置，如图 4.126 所示。

Step 06 点击"返回上一层"按钮 **<**，再拖动文字轨道右侧滑杆调节文字时长，如图 4.127 所示。

③调节
②拖动
①修改

图 4.126

拖动

图 4.127

4.10 转换音频增添字幕

识别字幕的制作方法可以快速识别原视频中的声音，并把其转换成文字内容，在制作后，视频上将出现字幕，可选择字幕效果，如图 4.128 所示。下面介绍使用剪映 App 制作出识别字幕的具体操作方法。

图 4.128

Step 01 在剪映 App 中导入素材。点击"文字"按钮▇▇，如图 4.129 所示。

Step 02 点击"文字"中的"识别字幕"按钮▲，如图 4.130 所示。

图 4.129

图 4.130

Step 03 切入"识别字幕"界面，在识别类型下，点击"全部""开始匹配"按钮；若视频素材中原本有字幕，选中"同时清空已有字幕"单选按钮，如图 4.131 所示。

Step 04 完成以上操作后，App 开始自动识别语音内容，如图 4.132 所示。

图 4.131

图 4.132

Step 05 完成识别后，系统自动生成字幕轨道，如图 4.133 所示。

Step 06 拖动时间轴,可查看效果,如图 4.134 所示。

生成

拖动

图 4.133 图 4.134

Step 07 调节视频时间线,先选择相对应的字幕,再调节字幕大小,最后点击文本框右上角选项,如图 4.135 所示。

Step 08 切入"样式"界面,设置描边、背景等,如图 4.136 所示。

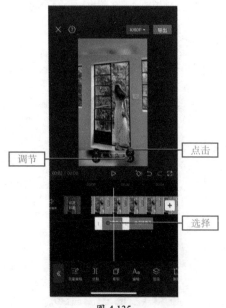

调节

点击

选择

设置

图 4.135 图 4.136

Step 09 转换到"文字模板"类型中,选择"情侣"效果中的任意一种,如图 4.137 所示。

Step10 点击"确定"按钮☑，确认增添此效果，如图 4.138 所示。

图 4.137

图 4.138

选择

增添

4.11 自动显示音乐歌词

识别歌词的制作方法可以把原视频中的背景音乐所提到的歌词转换成文本内容，在制作后，歌词内容可变成动态歌词显示在视频上，如图 4.139 所示。下面介绍使用剪映 App 识别歌词的具体操作方法。

图 4.139

Step 01 在剪映 App 中导入素材。❶增添背景音乐；❷点击"文字"按钮▊，如图 4.140 所示。

Step 02 切入文本编辑界面，点击"识别歌词"按钮▊，如图 4.141 所示。

Step 03 点击"开始匹配"按钮，如图 4.142 所示。

Step 04 完成以上操作后，App 开始自动识别歌词字幕，如图 4.143 所示。

图 4.140

图 4.141

图 4.142

图 4.143

Step05 识别成功后，系统自动生成歌词轨道，如图 4.144 所示。

Step06 拖动时间轴可查看效果。选中歌词，点击"编辑"按钮，如图 4.145 所示。

Step07 点击"动画"按钮，选择"卡拉 OK"效果，如图 4.146 所示。

Step08 重复以上操作，给其他歌词增添动画效果，如图 4.147 所示。

图 4.144

图 4.145

图 4.146

图 4.147

4.12 多种模板美化文字

多种模板美化文字的制作方法可以在给视频增添文字后把文字样式变成花字，剪映 App 中提供了非常多的花字模板，如图 4.148 所示。下面介绍使用剪映 App 添加花字的具体操作方法。

图 4.148

Step 01 在剪映 App 中导入素材。点击 "文字" 按钮 T，如图 4.149 所示。

Step 02 点击 "新建文本" 按钮 A+，在文本框中输入文字内容，如图 4.150 所示。

图 4.149

图 4.150

Step 03 调节文字位置、字体和对齐方式，如图 4.151 所示。

Step 04 转换到"花字"类型，选择一个花字样式，如图 4.152 所示。

| 图 4.151 | 图 4.152 |

4.13 创意文字随意变换

　　创意文字，可以给文字内容增添好看的气泡模板，在制作后，文字内容会更加凸显，剪映 App 中提供了许多气泡模板，如图 4.153 所示。下面介绍使用剪映 App 制作出文字气泡的具体操作方法。

图 4.153

Step 01 在剪映 App 中导入素材，增添文字内容。❶选择字幕轨道；❷点击"编辑"按钮 Aa，如图 4.154 所示。

Step 02 转换到"文字模板"类型，选择一个模板，如图 4.155 所示。

Step 03 也可以随意挑选自己喜欢的模板，如图 4.156 所示。

① 选择

② 点击

图 4.154

选择

图 4.155

图 4.156

4.14 金属流光字效制作

金属流光字效是一种非常流行的文字效果，可以在单调的文字上实现高光运动，从而产生金属效果，再配上蒙版和特效，可以让简单文字实现高级动画感，如图 4.157 所示，下面介绍一种金属流光字效视频的制作方法。

图 4.157

Step 01 在剪映中导入素材库中的黑卡照片素材，如图 4.158 所示。

Step 02 点击"文字"按钮▣，再点击"新建文本"按钮▣，添加一个文本轨道，在"文本编辑"功能区的文本框中输入文本"金属流光字效"，将颜色设置为白色，字体设置为"雅酷黑简"，如图 4.159 所示。

图 4.158

图 4.159

113

Step 03 点击"复制"按钮 ，复制一个字体轨道，❶点击"编辑"按钮 ，将字体内容改为英文，并放置于中文文字下方；❷点击"导出"按钮，将该字体导出视频备用，如图4.160所示。

Step 04 选中文字素材，点击"编辑"按钮 ，❶将字体改为灰色，选择英文文字素材，将字体同样改为灰色；❷点击"导出"按钮，将该字体导出视频备用，如图4.161所示。

图 4.160

图 4.161

Step 05 退出到剪映主界面，点击"开始创作"按钮，将刚才导出的两组白色和灰色文字导入时间轴，如图4.162所示。

Step 06 选择白色文字素材，点击"切画中画"按钮，将它移动至画中画轨道，如图4.163所示。

图 4.162

图 4.163

Step07 选择灰色文字素材，点击"定格"按钮 ▣，产生一个灰字定格。点击白色文字，点击"定格"按钮 ▣，产生一个白字定格（因为定格素材可以无限延长时间，所以要制作定格素材），如图 4.164 所示。

Step08 将之前的白色和灰色文字视频素材删除，如图 4.165 所示。

图 4.164   图 4.165

Step09 在时间轴中，分别拖动灰字定格素材和白字定格素材右边的白色拉杆，将其延长至 8s 左右，如图 4.166 所示。

Step10 将时间线移动到视频 0.5s 的位置，选择白字定格素材，点击"添加关键帧"按钮 ◇，添加一个关键帧，如图 4.167 所示。

图 4.166   图 4.167

Step 11 点击"蒙版"按钮回，给白字定格素材选择"镜面"蒙版，如图 4.168 所示。

Step 12 用两指捏合并旋转的方法将蒙版旋转并移动至文字的左上方，如图 4.169 所示。

图 4.168

图 4.169

Step 13 将时间线移动到视频 4s 的位置，将蒙版移动至文字的右下方，此时系统自动在 4s 处增加了一个关键帧，如图 4.170 所示。

Step 14 将时间线移动到视频末尾的位置，将蒙版移动回文字的左上方，此时系统自动在动画末尾处增加了一个关键帧，如图 4.171 所示。

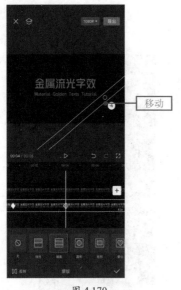

图 4.170

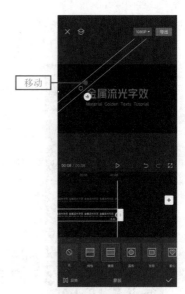

图 4.171

Step 15 播放动画，可以看到白色文字在灰色文字上方产生了金属光效动画，如图 4.172 所示。

Step 16 点击"特效"按钮 ，给画面增加"冲击波"特效，此时会发现一个问题，蒙版对冲击波产生了作用，如图 4.173 所示。

点击

图 4.172　　　　　　　　　　　　　　　图 4.173

Step 17 点击"作用对象"按钮 ，选择"全局"选项，让冲击波针对全局画面起作用，如图 4.174 所示。

Step 18 播放动画，刚才蒙版的问题解决了，如图 4.175 所示。

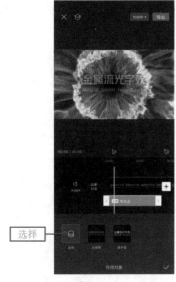
选择

图 4.174　　　　　　　　　　　　　　　图 4.175

第二部分
短视频的应用技巧

第5章
特效制作

经常看短视频的人会发现，很多热门的短视频都添加了一些好看的特效，这些特效不仅丰富了短视频的画面元素，而且让视频变得更加炫酷。本章将介绍一些剪映常用的特效的使用方法，帮助读者制作出画面更加丰富的短视频。

5.1 多段视频创意结合

综艺滑屏的制作方法适合用来把多段视频结合成一段视频，在制作后，普通的单个视频会组合成一段有亮点的合集视频，如图 5.1 所示。下面介绍使用剪映 App 制作出综艺滑屏的具体操作方法。

图 5.1

Step 01 在剪映 App 中导入素材。点击"比例"按钮，如图 5.2 所示。

Step 02 选择"9∶16"类型，如图 5.3 所示。

图 5.2

图 5.3

Step 03 ❶调节画面位置大小；❷点击"画中画"按钮和"新增画中画"按钮，再次导入素材，如图 5.4 所示。

Step 04 用同样方法，❶导入多段素材，再删除多余的视频轨道；❷调节画面大小和位置；❸点击"导出"按钮，如图 5.5 所示。

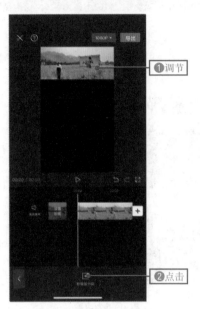

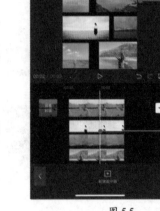

图 5.4　　　　　　　　　　　　　　　　图 5.5

Step 05 导出完成后，点击"开始创作"按钮，❶导入刚才的素材；❷增添背景音乐；❸点击"比例"按钮▣，如图 5.6 所示。

Step 06 ❶选择"16∶9"类型；❷放大视频素材的画面，再调节位置，显示在画面顶部，如图 5.7 所示。

图 5.6　　　　　　　　　　　　　　　　图 5.7

Step07 ❶返回，选择视频轨道；❷点击"关键帧"按钮，增添关键帧，如图 5.8 所示。

Step08 ❶拖动时间轴至视频结束位置；❷调节画面位置，显示在画面底部，如图 5.9 所示。

图 5.8

图 5.9

5.2　人物转换动漫效果

　　仙女变身的制作方法可以让真实的人物照片变成动漫人物图片，如图 5.10 所示，可以看到人物逐渐从真实转变成虚拟动漫人物。下面介绍使用剪映 App 制作出仙女变身的具体操作方法。

Step01 在剪映 App 中导入照片素材，点击"音频"按钮♪和"音乐"按钮◐，增添背景音乐，把时长调整至 3.6s，如图 5.11 所示。

Step02 点击"返回上一层"按钮◁返回，点击"比例"按钮▢，选择"9:16"类型，如图 5.12 所示。

Step03 点击"确定"按钮☑确定，再点击"背景"按钮▨和"画布模糊"按钮◉，用第二个模糊效果，如图 5.13 所示。

图 5.10

Step 04 点击"返回上一层"按钮 ⟨ 返回，增添模糊效果，点击"添加"按钮 ⊞，❶再次导入照片；❷把时长调整至 4.5s，如图 5.14 所示。

调整

图 5.11

选择

图 5.12

点击

图 5.13

❶导入
❷调整

图 5.14

Step 05 点击"抖音玩法"按钮 ⊗，如图 5.15 所示。

Step 06 切入"人像风格"界面，选择"漫画写真"类型，如图 5.16 所示。

图 5.15

图 5.16

Step07 进行以上操作后，显示生成效果进度，如图 5.17 所示。

Step08 生成动漫效果后，点击"转场"按钮□，如图 5.18 所示。

图 5.17

图 5.18

Step09 ❶转换至"叠化"类型；❷选择"岁月的痕迹"转场；❸拖动滑杆，调整至最大值，点击"确定"按钮✔确定，如图 5.19 所示。

Step10 点击"返回上一层"按钮▲返回，❶拖动时间轴至起始位置；❷点击"特效"按钮❖，如图 5.20 所示。

图 5.19　　　　　　　　　　　　图 5.20

Step11 在"基础"类型中选择"变清晰"特效，如图 5.21 所示。

Step12 点击"确定"按钮，❶把特效轨道右侧拖动至转场的起始位置；❷点击"作用对象"按钮，如图 5.22 所示。

图 5.21　　　　　　　　　　　　图 5.22

Step13 切入"作用对象"界面，点击"全局"选项，如图 5.23 所示。

Step14 点击"确定"按钮，点击"新增特效"按钮，在"画面特效 - 氛围"类型中选择

"星火炸开"特效如图 5.24 所示。

图 5.23

选择

图 5.24

Step15　点击"确定"按钮✅，❶长按第二段特效轨道，拖动至起始位置；❷向左拖动白色滑块，时长与第一段特效时长保持一致；❸点击"作用对象"按钮，如图 5.25 所示。

Step16　点击"全局"选项，❶拖动时间轴至转场结束位置；❷点击"画面特效"按钮▨，如图 5.26 所示。

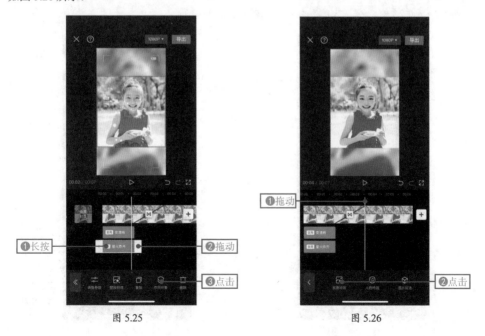

❶长按　❷拖动　❸点击

图 5.25

❶拖动　❷点击

图 5.26

127

Step 17 重复上述方法，增添"氛围"类型中的"萤光"和"动感"类型中的"水波纹"特效，如图 5.27 所示。

Step 18 点击"返回上一层"按钮 返回，再点击"贴纸"按钮 ，如图 5.28 所示。

图 5.27

图 5.28

Step 19 ❶选择一个贴纸；❷调整大小和位置，如图 5.29 所示。

Step 20 点击"确定"按钮 ，点击"贴纸"按钮 添加贴纸，❶拖动贴纸轨道右侧拉杆，调节贴纸特效的时长；❷点击"动画"按钮 ，如图 5.30 所示。

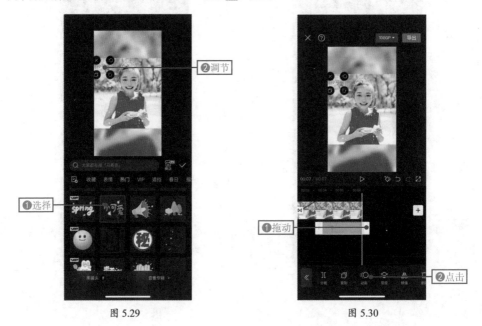

图 5.29

图 5.30

Step21 切入"贴纸动画"界面，❶选择"入场动画"中的"缩小"选项；❷拖动滑杆调节时长，如图 5.31 所示。

Step22 裁剪多余音频，点击"文字"按钮 ⊤，增添字幕，设置样式等，如图 5.32 所示。

图 5.31

图 5.32

Step23 转换至"字体"类型，选择"软糖奶熊"效果，如图 5.33 所示。

Step24 转换至"动画"类型，❶选择"爱心弹跳"效果；❷拖动滑杆，调节时长，如图 5.34 所示。

图 5.33

图 5.34

Step25 转换至"出场动画"类型，❶选择"溶解"效果；❷拖动红箭头滑杆 <kbd><</kbd>，调节时长，如图 5.35 所示。

Step26 重复上述方法，设置剩余字幕的动画效果，如图 5.36 所示。

图 5.35

图 5.36

5.3 翻动画面丝滑转场

　　镜像转场的制作方法可以把几个画面顺畅地连接在一起，让画面镜像再变换，画面之间的转场效果像翻动书页一样丝滑，如图 5.37 所示。下面介绍使用剪映 App 制作出镜像转场的具体操作方法。

图 5.37

Step 01 在剪映 App 中导入素材。点击"画中画"按钮圆，如图 5.38 所示。

Step 02 ❶选择第二段视频；❷点击"切画中画"按钮✗，如图 5.39 所示。

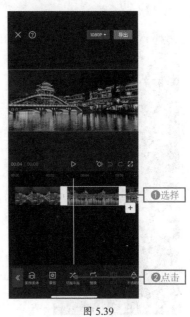

图 5.38   图 5.39

Step 03 第二段视频素材切画中画后，长按这个轨道再拖动到起始位置，❶选择画中画轨道；❷点击"蒙版"按钮圆，如图 5.40 所示。

Step 04 ❶选择"线性"蒙版；❷调节其位置，再顺时针旋转蒙版 90°，如图 5.41 所示。

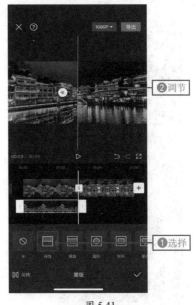

图 5.40   图 5.41

Step 05 点击"确定"按钮✔️，再点击"复制"按钮⬜，如图 5.42 所示。

Step 06 把复制的轨道拖动到第二条画中画轨道，❶选择第二条画中画轨道中的第一段画中画轨道；❷点击"蒙版"按钮▣，如图 5.43 所示。

图 5.42　　　　　　　　　　　　　　　　　　图 5.43

Step 07 点击"反转"按钮🔀，反转蒙版，如图 5.44 所示。

Step 08 点击"确定"按钮✔️，❶选择第一段画中画轨道；❷拖动右侧；❸把时长调整至 1.5s，如图 5.45 所示。

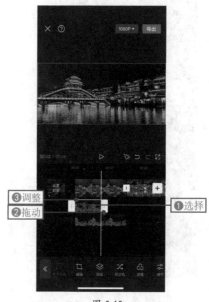

图 5.44　　　　　　　　　　　　　　　　　　图 5.45

Step 09 ❶选择第一段视频轨道；❷点击"复制"按钮🔲，如图 5.46 所示。

Step 10 点击"切画中画"按钮🔀，如图 5.47 所示。

图 5.46

图 5.47

Step 11 向左拖动复制的视频轨道并与第一段画中画相连接，❶切换至画中画轨道的第二段画中画；❷点击"分割"按钮▮▮，如图 5.48 所示。

Step 12 ❶选择前半部分画中画轨道；❷点击"蒙版"按钮◎，如图 5.49 所示。

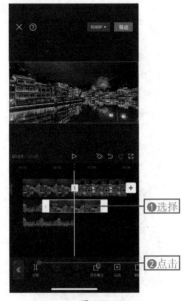

图 5.48

图 5.49

Step 13 ❶选择"线性"蒙版；❷调节蒙版位置，再逆时针旋转至 –90°，如图 5.50 所示。

Step 14 点击"确定"按钮 ☑ 返回，再点击"动画"按钮 ◎ 和"入场动画"选项，如图 5.51 所示。

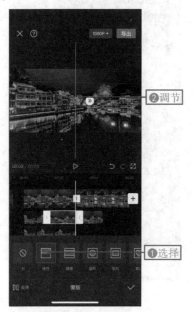

图 5.50   图 5.51

Step 15 ❶选择"镜像翻转"；❷拖动滑杆调节时长至最大，如图 5.52 所示。

Step 16 ❶选择第一条画中画轨道中的第一段画中画；❷点击"出场动画"选项，如图 5.53 所示。

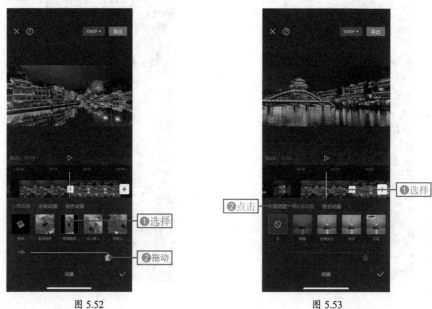

图 5.52   图 5.53

Step 17 ❶选择"镜像翻转"动画；❷拖动滑杆调节时长至最大，如图 5.54 所示。

Step 18 用同样方法，给剩余素材增添线性蒙版，最后添加背景音乐，如图 5.55 所示。

图 5.54

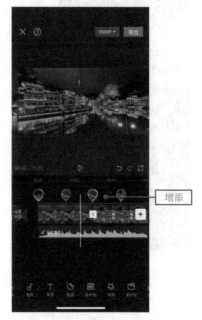

图 5.55

5.4　城市布满雪花飘落

雪花纷飞的制作方法可以为普通的景色画面增添雪花飘落的效果，在制作后，整张图片笼罩着白雪和风声，如图 5.56 所示。下面介绍使用剪映 App 制作出雪花纷飞的具体操作方法。

图 5.56

Step 01 在剪映 App 中导入素材，再增添背景音乐。点击"特效"按钮 ，如图 5.57 所示。

Step 02 ❶转换至"自然"类型；❷选择"大雪"特效，如图 5.58 所示。

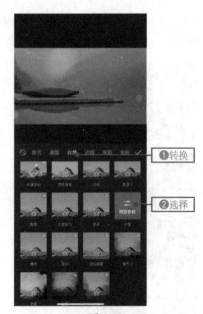

图 5.57   图 5.58

Step03 点击"确定"按钮✓，再拖动特效轨道右侧调节时长，使其与视频时长相同，如图 5.59 所示。

Step04 ❶拖动时间轴至起始位置；❷先点击"音频"按钮♪，然后依次点击"音效"按钮，如图 5.60 所示。

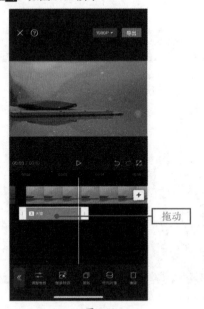
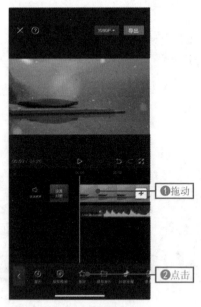

图 5.59   图 5.60

Step05 ❶转换至"环境音"类型；❷选择"强劲的风声"选项，点击"使用"按钮，如图 5.61 所示。

Step06　❶拖动时间轴至视频结束的位置；❷选择音效轨道，❸点击"分割"按钮 Ⅰ，如图 5.62 所示。最后删除多余的音效轨道。

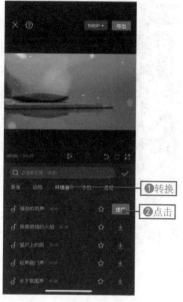

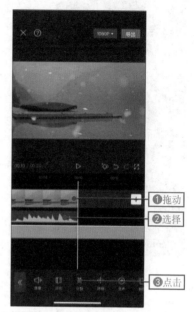

图 5.61

图 5.62

5.5　矩形分割视觉冲击

多相框门的制作方法可以把一张完整的照片矩形分割成多个层次，使照片从外到内逐渐缩小，制作后的照片视觉冲击力非常强烈，如图 5.63 所示。下面介绍使用剪映 App 制作出多相框门的具体操作方法。

图 5.63

Step01　在剪映 App 中导入素材。❶选择视频素材；❷点击"蒙版"按钮 ◙，如图 5.64 所示。

Step02　❶选择"矩形"蒙版；❷调节蒙版大小；❸点击"反转"按钮 ⅶ，如图 5.65 所示。

①选择

②点击

图 5.64

②调节

①选择

③点击

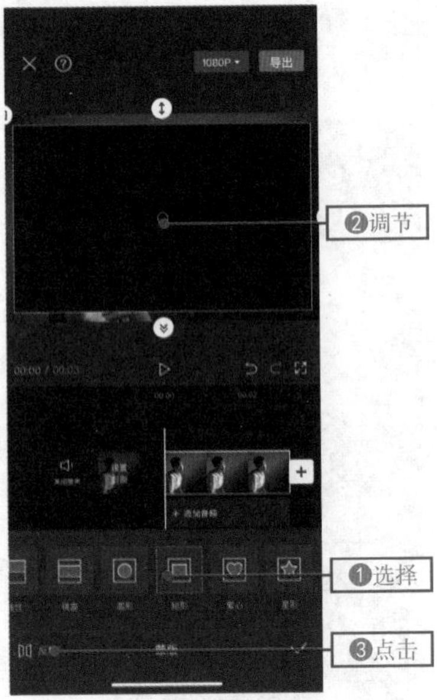

图 5.65

Step 03 点击两次"复制"按钮▣，如图 5.66 所示。

Step 04 再次点击两次"复制"按钮▣，如图 5.67 所示。

连击

图 5.66

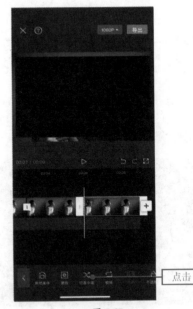

点击

图 5.67

Step 05 ①拖动画中画轨道至起始位置；②选择此轨道；③缩小画面；④点击两次"复制"按钮▣，如图 5.68 所示。

Step 06 重复以上方法，增添多条画中画轨道，然后逐层缩小，如图 5.69 所示。画中画轨道最多可增添 6 条，增添轨道越多效果越明显。

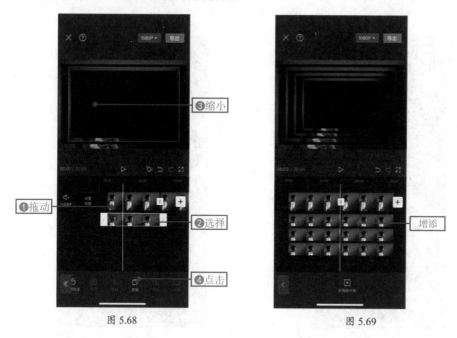

图 5.68

图 5.69

Step07 ❶选择最后一条画中画轨道中的第一段画中画轨道；❷点击"蒙版"按钮 ◙，如图 5.70 所示。

Step08 点击"反转"按钮 DQ，如图 5.71 所示。

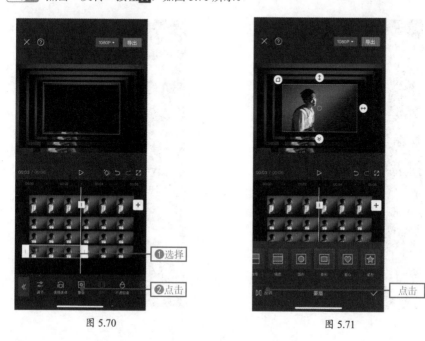

图 5.70

图 5.71

Step09 用相同的方法反转最后一条画中画中的第二段画中画的蒙版，❶选择第一段视频；

❷点击"动画"按钮 ◎ 和"入场动画"选项，如图 5.72 所示。

Step **10** ❶选择"放大"动画；❷拖动滑杆，调节时长至 0.5s，如图 5.73 所示。

图 5.72   图 5.73

Step **11** ❶选择第二段视频；❷点击"出场动画"选项，如图 5.74 所示。

Step **12** ❶选择"缩小"动画；❷拖动滑杆，调节时长至 0.5s，如图 5.75 所示。

图 5.74   图 5.75

Step13 ❶选择第一条画中画的第一段轨道；❷点击"入场动画"中的"放大"，❸拖动时长为 1.0s，如图 5.76 所示。

Step14 用相同方法，给所有画中画增添动画效果，再逐层增添 0.5s 时长，如图 5.77 所示。最后添加背景音乐。

图 5.76

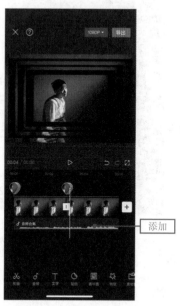

图 5.77

5.6 植物变色简单便捷

颜色渐变的视频制作方法可以让植物的叶子从单一的颜色到具有渐变效果，如图 5.78 所示。从图 5.78 中可以看出树叶的颜色从一种绿色变成了深浅不一的棕色。下面介绍使用剪映 App 制作出颜色渐变效果的具体操作方法。

Step01 在剪映 App 中导入视频素材。❶拖动时间轴到开始变色的位置；❷选择视频轨道；❸点击"添加关键帧"按钮，增添一个关键帧，如图 5.79 所示。

Step02 ❶拖动时间轴到渐变结束的位置；❷点击"关键帧"按钮，再增添一个关键帧，如图 5.80 所示。

图 5.78

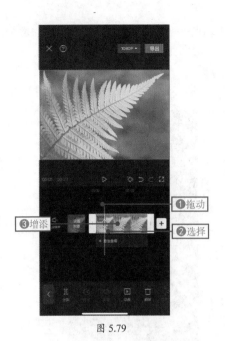

图 5.79 图 5.80

Step 03 点击工具栏的"滤镜"按钮，在"滤镜"页面的"风景"类型中选择"樱粉"效果，如图 5.81 所示。

Step 04 点击"确定"按钮✓确定，再点击"调节"按钮，❶在"调节"页面中选择"亮度"选项；❷拖动滑杆，把参数值调整至 −5，如图 5.82 所示。

图 5.81 图 5.82

Step 05 ❶选择"饱和度"选项；❷拖动滑杆，把参数值调整至 5，如图 5.83 所示。

Step 06 ❶选择"锐化"选项；❷拖动滑杆，把参数值调整至 20，如图 5.84 所示。

图 5.83 　　　　　　　　　　　　　图 5.84

Step 07 ❶选择"色温"选项；❷拖动滑杆，把参数值调整至 30，如图 5.85 所示。

Step 08 点击"确定"按钮，增添调节效果，拖动时间轴到第一个关键帧位置，点击"滤镜"按钮，拖动滑杆把参数值调整至 0，如图 5.86 所示。

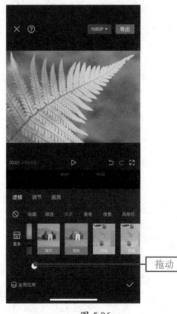

图 5.85 　　　　　　　　　　　　　图 5.86

第**6**章
文艺短片制作

文艺短片是近几年流行起来的一种短视频类型，拍摄记录惬意的文艺分为，可以很好地展现格调和情趣。本章将结合所学，使用剪映 App 来制作两个当下热门的短视频案例，包括三屏背景、泡泡特效、电影转场、文字特效、四宫格特效等。

6.1　青葱岁月文艺片

　　调整素材的制作方法是对原素材进行一定时间的截取，可以缩短时长，也可以拉长时长，操作完成会呈现出唯美的风格，画面由3部分组成，如图6.1所示。下面介绍使用剪映App调整素材的具体操作方法。

Step01　导入素材并添加背景音乐。❶选择第一段视频；❷拖动右侧滑块，调节时长为4.5s，如图6.2所示。

Step02　用同样的方法，❶把第二段视频时长设置为4.5s；❷把第三段视频时长设置为3.8s，如图6.3所示。

图 6.1

图 6.2

图 6.3

Step03　三屏背景的制作方法是指把画面比例调节为9∶16，把原本横屏的图片变成竖屏，形成三截屏幕的视觉效果。点击"返回上一层"按钮 ❮ 返回，再点击"比例"按钮 ▢，如图6.4所示。

Step04　选择"9∶16"类型，如图6.5所示。

Step05　画布模糊方法是给视频增添一种背景效果，剪映App中，可以根据视频内容或个人喜好选择不同程度的模糊效果。点击"背景"按钮，再点击"画布模糊"按钮，如图 6.6 所示。

图 6.4

图 6.5

Step 06 ❶选择第二个模糊效果；❷点击"全局应用"按钮，如图 6.7 所示。

图 6.6

图 6.7

Step 07 泡泡特效的制作是给视频增添氛围感特效，剪映 App 中提供了多种特效，除了"泡泡"，还有"金粉""星火"等，用户可以根据需要选择。❶拖动时间轴到起始位置；❷点击"特效"按钮，点击"画面特效"按钮，如图 6.8 所示。

Step 08　①转换到"氛围"类型；②选择"泡泡"特效，如图 6.9 所示。

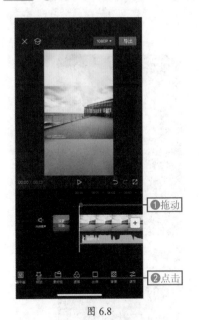

图 6.8　　　　　　　　　　　　　　　　　　图 6.9

Step 09　点击"确定"按钮☑确定，再拖动特效轨道右侧拉杆调节时长，使其和第一段视频时长相同，如图 6.10 所示。

Step 10　点击"返回首页"按钮《返回，再点击"画面特效"按钮☑，如图 6.11 所示。

图 6.10　　　　　　　　　　　　　　　　　　图 6.11

Step 11　萤火特效也是一种氛围感特效，能够给视频增添一种氛围效果，给人一种神秘和唯美的视觉感受，应用方法和其他特效一样便捷。选择"氛围"中的"萤火"特效，如图 6.12 所示。

Step 12 调节特效时长，使其与第二段视频时长相同。用同样的方法给第三段视频增添"星火炸开"特效，如图 6.13 所示。

图 6.12

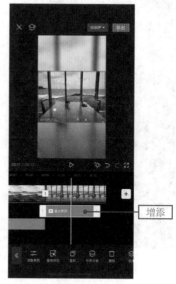

图 6.13

Step 13 推进转场的制作是给画面间的转场增添一种转场效果，制作后，画面间的转换更加流畅，使整个视频更完整。点击"转场"按钮，如图 6.14 所示。

Step 14 ❶选择"运镜"中的"推进"转场；❷拖动滑杆调节时长；❸点击"全局应用"按钮，如图 6.15 所示。

图 6.14

图 6.15

Step15 文字动画的制作是给视频上的文字增添一种动画效果，增添动画后，文字可以从静态变成动态，逐一显现。❶拖动时间轴到音乐有人声的位置；❷点击"文字"按钮■和"新建文本"按钮■，如图 6.16 所示。

Step16 ❶在文本框输入相应的歌词；❷选择"字体"样式；❸调节位置和大小；❹点击"动画"按钮，如图 6.17 所示。

图 6.16

图 6.17

Step17 ❶选择"入场"中的"向上露出"动画；❷拖动滑杆调节时长，如图 6.18 所示。

Step18 用同样的方法增添其他字幕，如图 6.19 所示。

图 6.18

图 6.19

Step 19 爱心贴纸的制作是给视频画面上增添一种贴纸特效，制作后，画面将更为丰富，也让视频画面更有文艺感。❶拖动时间轴到第一段文字轨道的起始位置；❷点击"添加贴纸"按钮◐，如图 6.20 所示。

Step 20 ❶选择一种爱心贴纸；❷调节贴纸的位置和大小，如图 6.21 所示。最后调节贴纸时长，使其与视频时长相同。

图 6.20

图 6.21

6.2　四宫格卡点文艺片

图 6.22

截四宫格的制作是为了给之后剪辑视频做备用素材，本节制作完成后会呈现出朋友圈四宫格的样式，如图 6.22 所示。下面介绍使用剪映 App 制作出截四宫格的具体操作方法。

Step 01 在微信朋友圈里选择 4 张黑色图片并配上文案发朋友圈，如图 6.23 所示。

Step 02 发表后在朋友圈截图保存刚刚发布的四宫格，如图 6.24 所示。

Step 03 调节原图片比例是因为四宫格是 1∶1 的比例，所以在制作视频时也要把视频中图片素材的比例调节为 1∶1。在剪映 App 中导入素材，点击"比例"按钮▢，如图 6.25 所示。

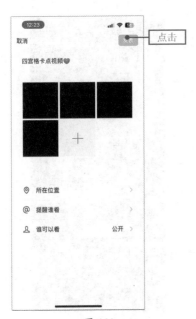

图 6.23

图 6.24

Step 04 ❶选择"1∶1"选项；❷调节所有图片素材的大小到铺满屏幕，如图 6.26 所示。

图 6.25

图 6.26

Step 05　踩节拍点的制作是为了让视频随着音乐节奏卡点，根据音乐的快慢决定视频中图片的变换节奏，剪映 App 提供了自动踩点方式。增添背景音乐，❶选择音频轨道；❷点击"踩点"按钮█，如图 6.27 所示。

Step 06 ❶点击"自动踩点"按钮；❷选择"踩节拍1"选项，如图 6.28 所示。

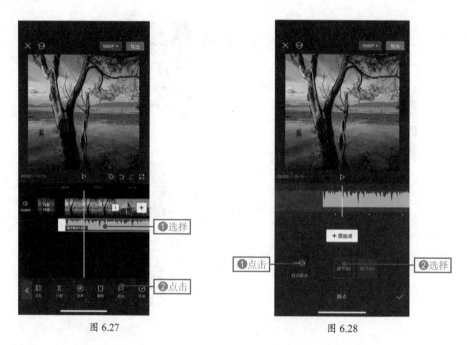

图 6.27　　　　　　　　　　　　　　　　图 6.28

Step 07　调节时长的制作是为了让视频中卡点的地方与音乐节奏位置相同。❶选择第一段视频轨道；❷拖动右侧拉杆调节时长，使其与第一个节拍点对齐，如图 6.29 所示。

Step 08　用同样方法调节剩余素材时长，然后删除多余音频轨道，如图 6.30 所示。

图 6.29　　　　　　　　　　　　　　　　图 6.30

Step 09　组合动画的制作方法是给视频素材增添一种动画特效，剪映 App 中提供了非常多的动画特效，❶选择第一段视频轨道；❷点击"动画"按钮 ⬛，选择"组合动画"选项，如图 6.31 所示。

Step10 选择"旋转降落"动画，如图 6.32 所示。

图 6.31

图 6.32

Step11 ❶选择第二段视频轨道；❷选择"斜切"动画，如图 6.33 所示。

Step12 用同样方法给其他素材增添动画效果，如图 6.34 所示。

图 6.33

图 6.34

Step13 导入四宫格截图，❶将时间轴拖动到起始位置，❷点击"画中画"按钮 和"新增画中画"按钮，如图 6.35 所示。

Step14 ❶将四宫格截图放大到占满屏幕，❷拖动时间轴，调节时长到与视频时长相同，❸点击"混合模式"按钮，如图 6.36 所示。

图 6.35

图 6.36

Step15 混合模式的制作方法是把多个不同的画面叠加在一起，选择"滤色"效果，如图 6.37 所示。

Step16 ❶拖动时间轴到起始位置；❷点击"新增画中画"按钮，如图 6.38 所示。

图 6.37

图 6.38

第7章
个人短片制作

　　本章我们制作了一部精致少女的短片，短片中运用了正片叠底和蒙版文字特效，通过水墨专场和影视调色来晕染动画过渡效果，通过增加片头片尾动画丰富短片的节奏，通过增加合适的音乐烘托影片氛围。

7.1 透明文字显现背景

图 7.1

正片叠底的制作方法可以让文字展现出一种镂空状态，在制作后可用来展示人物照片，或是把照片拼接成短视频，如图 7.1 所示。下面介绍使用剪映 App 制作出正片叠底的具体操作方法。

Step 01 在剪映 App 中导入一段素材库中的黑色背景素材，再点击"文字"按钮 **T** 和"新建文本"按钮 **A+**，如图 7.2 所示。

Step 02 ①在文本框中输入文字；②选择"字体"样式；③在预览区放大文字；④选择"动画"类型，如图 7.3 所示。

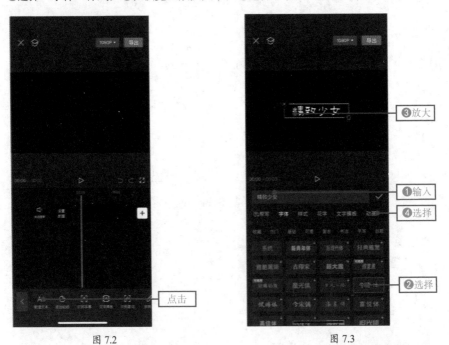

图 7.2

图 7.3

Step 03 ①选择"缩小"动画；②拖动滑杆调节时长为 1.0s，如图 7.4 所示。最后导出。

Step 04 导出后，重新开始创作。导入一段素材，点击"画中画"按钮 **▣**，导入刚才导出的文字素材。①放大画面到占满屏幕；②拖动时间轴到 2s 位置；③选择"混合模式"中的"正片叠底"类型，如图 7.5 所示。

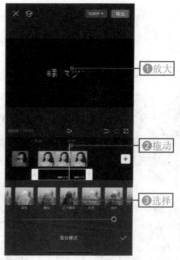

图 7.4   图 7.5

7.2 同时展现蒙版外部

反转蒙版的制作方法可以显示蒙版外部的内容，因为蒙版本身显示的是蒙版内部的内容，所以反转蒙版和它相反。下面介绍使用剪映 App 制作出反转蒙版的具体操作方法。

Step 01 点击"返回上一层"按钮 ❮ 返回后，点击"分割"按钮 ⚏ 和"蒙版"按钮 ◎，选择"线性"蒙版，如图 7.6 所示。

Step 02 点击"返回上一层"按钮 ❮ 返回后，复制后部分的画中画轨道，再拖动到原轨道下面。选择复制的画中画轨道，点击"蒙版"中的"反转"按钮 ◢◣，如图 7.7 所示。

图 7.6   图 7.7

157

7.3　画面结束时的闭幕

出场动画的制作方法可以给视频播放结束后增添一段闭幕动画，制作后让视频更完整，结束闭幕时更有特点。下面介绍使用剪映 App 制作出场动画的具体操作方法。

Step 01 ❶给复制的画中画选择"出场动画"中的"向下滑动"动画；❷拖动滑杆调节时长，如图 7.8 所示。

Step 02 ❶点击"返回上一层"按钮 ⟨ 返回，给原画中画轨道选择"出场动画"中的"向上滑动"动画；❷拖动滑杆调节时长，如图 7.9 所示。

Step 03 剪辑素材的

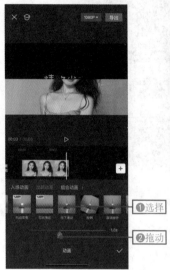

图 7.8

图 7.9

制作是为了让短视频呈现出的效果更好，因此，对原视频素材进行剪辑，删除不好的画面，留下选择的部分。导入其他素材，❶选择第一段视频轨道；❷拖动时间轴到 5s 位置；❸点击"分割"按钮](，如图 7.10 所示。

Step 04 ❶选择前部分视频轨道；❷点击"删除"按钮 ▯，如图 7.11 所示。对剩余素材采用同样方法制作。

图 7.10

图 7.11

7.4　国风特效转场动画

水墨转场的制作是为了让短视频呈现出的效果更好，因此，对原视频中素材切换时增添了一种转场效果。下面介绍使用剪映App制作出水墨转场的具体操作方法。

Step 01　点击"转场"按钮Ⅰ，如图7.12所示。

Step 02　❶转换到"叠化"类型；❷选择"水墨"转场；❸时长调节为1.0s，❹点击"全局应用"按钮，如图7.13所示。

图7.12　　　　　　　　　　　　　　　图7.13

Step 03　闭幕特效的制作是为了让短视频的结尾效果更好，在视频结束时增添了一种闭幕特效，让短视频更有电影感。点击"特效"按钮✦，❶转换到"基础"类型；❷选择"闭幕"特效，如图7.14所示。

Step 04　点击"返回上一层"按钮◀返回，再调节特效位置，把特效轨道拖动到视频轨道结束的位置，如图7.15所示。

图7.14

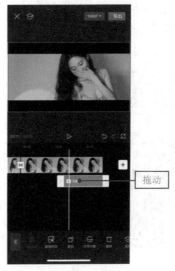

图7.15

7.5 添加文字效果

说明文字的制作方法是为了便于介绍视频中播放的内容，制作后在视频画面上增添了各种和画面有关的解说文字。

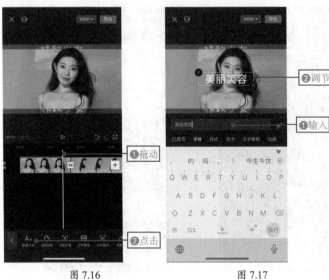

图 7.16　　　　　　图 7.17

Step01 ❶拖动时间轴到片头字幕完全打开时；❷点击"文字"按钮█和"新建文本"按钮█，如图 7.16 所示。

Step02 ❶在文本框中输入文字；❷调节文字位置和大小，如图 7.17 所示。

Step03 点击"返回上一层"按钮█，再拖动文字轨道右侧拉杆调节时长，使其和第一个转场的起始位置对齐，如图 7.18 所示。

Step04 ❶拖动时间轴到第一个转场的结束位置；❷增添第二段视频的文字，如图 7.19 所示。用同样的方法给其余画面增添文字。

图 7.18

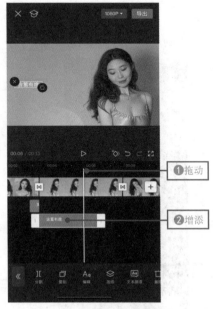

图 7.19

7.6 背景音乐随意添加

搜索音乐的制作方法可以很方便地给视频素材增添喜欢或合适的背景音乐，使视频画面更有感染力和氛围感。下面介绍使用剪映 App 制作出搜索音乐的具体操作方法。

Step01 ❶拖动时间轴到视频起始位置；❷点击"音频"按钮 ♫ 和"音乐"按钮 ♫，如图 7.20 所示。

Step02 ❶在搜索栏里输入歌曲名称；❷点击"搜索"或"确认"按钮，如图 7.21 所示。

图 7.20

图 7.21

Step03 ❶选择要使用的音乐；❷点击"使用"按钮，如图 7.22 所示。

Step04 ❶拖动时间轴到第 2s 的位置；❷点击"分割"按钮 ⊟，如图 7.23 所示。

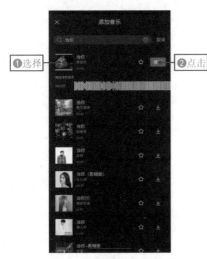

图 7.22

图 7.23

161

Step05 点击"删除"按钮🗑，如图 7.24 所示。

Step06 用同样的方法裁剪音频，使其与视频时长保持一致，如图 7.25 所示。

图 7.24

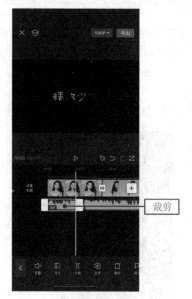

图 7.25

第8章
Vlog 短视频制作

    Vlog 是近几年流行起来的一种短视频类型，拍摄记录日常生活，可以很好地展现自己的爱好和性格特点，建立个人品牌和扩大影响力。本章将结合之前学习的内容，制作 4 个 Vlog 实战案例，案例的制作步骤仅为参考，读者需要充分理解制作的思路，从而实现举一反三。

8.1 制作 Vlog 涂鸦片头

涂鸦片头是 Vlog 视频中很常见的一种开场方式，是由涂鸦素材和剪映的"滤色"功能制作而成，如图 8.1 所示，下面介绍使用剪映 App 制作出 Vlog 涂鸦片头的具体操作方法。

图 8.1

Step01 在剪映中导入视频素材并将其添加至时间轴中，点击"画中画"按钮，在画中画界面点击"新增画中画"按钮，如图 8.2 所示。

Step02 添加涂鸦素材，在视图中将涂鸦素材放大，使其覆盖整个视频画面，如图 8.3 所示。

Step03 点击"混合模式"按钮，选择"变暗"模式，如图 8.4 所示。

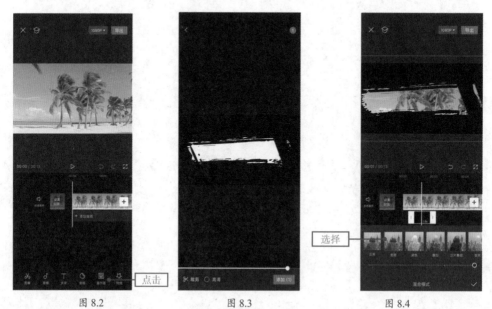

图 8.2　　　　　　　图 8.3　　　　　　　图 8.4

Step04 将时间线定位至视频的起始位置，点击"文字"按钮，再点击"新建文本"按钮，添加一个文本轨道，如图 8.5 所示。

Step 05 在"文本编辑"功能区的文本框中输入相应的文字，并将字体设置为"糯米团"，如图 8.6 所示。

图 8.5

图 8.6

Step 06 点击"音频"按钮，再点击"音效"按钮，切换至"音效素材"选项，从中选择"轻快的嗖"的音效，点击"使用"按钮，将其添加至时间轴中；适当调整音效素材和文字素材的时长，使其和涂鸦素材的长度保持一致，如图 8.7 所示。

Step 07 点击"背景"按钮，在"画布颜色"中设置背景色为白色，点击"全局应用"按钮，完成所有操作后，播放预览视频，效果如图 8.8 所示。

图 8.7

图 8.8

8.2 制作周末派对 Vlog

派对是年轻人周末放松的一个比较经典的题材，也是抖音比较火爆的话题之一，而且永远不会过时。下面介绍一段用剪映 App 制作出周末派对 Vlog 的具体操作方法，如图 8.9 所示。

图 8.9

Step01 在剪映中导入 8 段派对素材，并添加至时间轴中；点击"音频"按钮，点击"提取音乐"按钮，导入音乐素材，根据音频中的歌词和音效打上节拍点，如图 8.10 所示。

Step02 将时间线定位至素材 2 和素材 3 的中间位置，点击"转场"按钮，在"运镜"类型中选择"顺时针旋转"效果，将其添加至视频轨道，如图 8.11 所示。

图 8.10

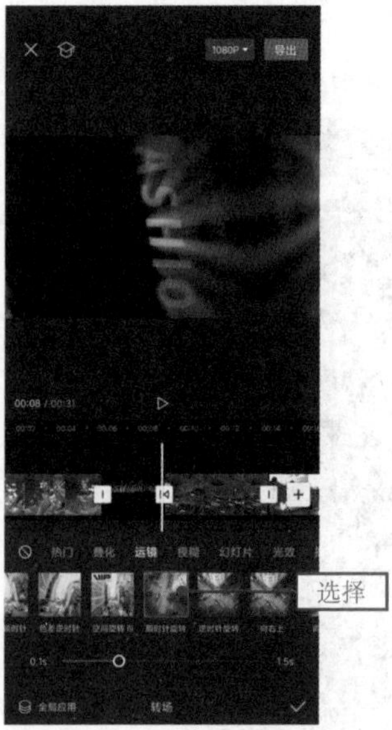

图 8.11

Step03 选中素材 1，点击"动画"按钮，在"入场动画"类型中选择"轻微放大"效果，并将"动画时长"设置为 1.2s，如图 8.12 所示。

Step 04 将时间线定位至素材 1 的入场动画即将结束的位置，点击"特效"按钮 🔆，在"动感"类型中选择"心跳"特效，将其添加至时间轴中，适当调整滤镜素材的持续时长，如图 8.13 所示。

图 8.12

图 8.13

Step 05 将时间线定位至视频的起始位置，点击"特效"按钮 🔆，❶在"边框"类型中选择"车窗"特效，如图 8.14 所示，❷将其添加至时间轴中，并适当调整滤镜素材的持续时长，使其和视频的长度保持一致，如图 8.15 所示。

图 8.14

图 8.15

167

Step 06 将时间线定位至素材 3 的前端，点击"贴纸"按钮 ，打开贴纸选项，从中选择一款合适的贴纸素材，将其添加至时间轴中；适当调整贴纸素材的持续时长，使其和素材 3 的长度保持一致；并参照上述方式为素材 4、素材 5 和素材 6 添加不同样式的贴纸，如图 8.16 所示。

Step 07 完成所有操作后，播放预览视频，效果如图 8.17 所示。

图 8.16

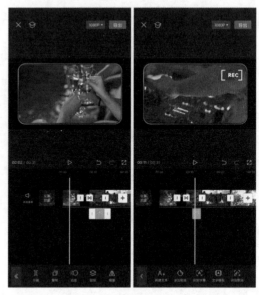

图 8.17

8.3 制作婚礼 Vlog

图 8.18

无论是出于职业需要，还是出于兴趣，婚礼若能拍一些 Vlog，就会是很棒的记忆承载，同时也是一种自我表达，因此，婚礼也一直都是很火爆的主题。下面介绍一段用剪映 App 制作出婚礼 Vlog 的具体操作方法，如图 8.18 所示。

Step 01 在剪映中导入 4 段婚礼素材并添加至时间轴中；点击"音频"按钮 ，点击"提取音乐"按钮 ，导入音乐素材，如图 8.19 所示。

Step 02 复制素材 1，并选择该素材，点击"切画中画"按钮 ，并将其移动至画中画轨道，如图 8.20 所示。

图 8.19   图 8.20

Step 03 选中素材 1，点击"蒙版"按钮 ◙，选择"镜面"蒙版，在播放器的显示区域调整好蒙版的显示区域，如图 8.21 所示。

Step 04 选中画中画轨道的素材 1，点击"蒙版"按钮 ◙，选择"镜面"蒙版，在播放器的显示区域调整好蒙版的显示区域，如图 8.22 所示。

选择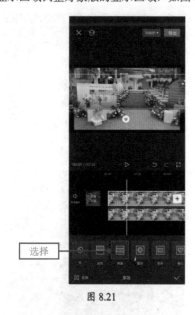

选择

图 8.21   图 8.22

Step 05 选中画中画素材，点击"动画"按钮 ◙，在"入场动画"类型中选择"向下滑动"动画，并将"动画时长"调整为 0.5s，如图 8.23 所示。

Step06 选中素材2，点击"编辑"按钮▣，再点击"裁剪"按钮▣，❶选择"9∶16"比例，在裁剪框中调整好图像的大小和位置后，❷点击"确定"按钮☑，如图8.24所示。按照上述操作方法，裁剪素材3和素材4。

图 8.23

图 8.24

Step07 分别选择素材3和素材4，点击"切画中画"按钮⤬，将它们移动至画中画轨道，如图8.25所示。

Step08 在时间轴中移动素材3和素材4的位置，让它们与素材2形成叠加，调整它们的位置为并排摆放，调整它们的持续时长，使其尾部对齐，如图8.26所示。

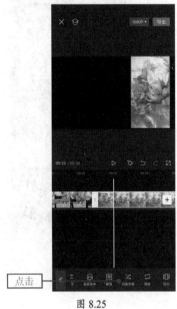

图 8.25

图 8.26

Step09 选中音频素材，将时间线移动到视频素材末尾处，❶点击"分割"按钮，将音频切割，❷点击"删除"按钮，将多余的音频删除，如图 8.27 所示。

Step10 在素材 1 和素材 2 之间点击"转场"按钮，在"热门"类型中选择"推近"效果，将该专场添加至视频轨道，如图 8.28 所示。

图 8.27

图 8.28

Step11 点击"返回上一层"按钮返回，再点击"特效"按钮，在"边框"类型中选择"录制边框"效果，如图 8.29 所示。

Step12 在时间轴将"录制边框"特效的时长与整个影片时长对齐，如图 8.30 所示。

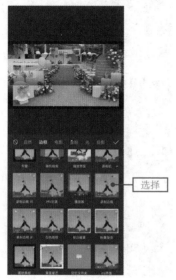

图 8.29

图 8.30

Step13 点击"作用对象"按钮 ⊖，选择"全局"选项，使边框效果应用于 3 个叠加的素材中，如图 8.31 所示。

Step14 将时间线定位至视频的起始位置，点击"文字"按钮 **T**，再点击"新建文本"按钮 **A+**，添加一个文本轨道，如图 8.32 所示。

图 8.31

图 8.32

Step15 在"文字模板"类型中选择喜欢的文字标题，如图 8.33 所示。

Step16 在时间轴上，将文字素材的时长与整个影片时长对齐，如图 8.34 所示。

图 8.33

图 8.34

Step 17 点击"背景"按钮 🖊，在"画布颜色"中设置一个纯色背景，如图 8.35 所示。

Step 18 完成所有操作后，播放预览视频，效果如图 8.36 所示。

图 8.35　　　　　　　　　　　　　　　图 8.36

8.4　制作生活日常 Vlog

抖音上有许多记录日常碎片生活的热门 Vlog，这些视频的主要内容只是生活中的一些点点滴滴，但经过后期加工却可以变得妙趣横生，本案例将介绍一种用剪映 App 制作出的比较生动的日常 Vlog 的具体操作方法，如图 8.37 所示。

图 8.37

Step 01 在剪映中导入 8 段视频素材并添加至时间轴中；在剪映中导入多段日常拍摄的视频和图像素材，点击"音频"按钮 🎵，点击"提取音乐"按钮 📷，导入音乐素材，如图 8.38 所示。

Step02 点击"踩点"按钮▣，再点击"自动踩点"按钮，在每句歌词的结尾处打上节拍点，如图 8.39 所示。

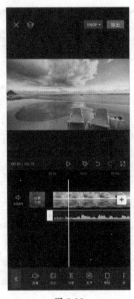

图 8.38

图 8.39

Step03 选中素材 1，调整素材的持续时长，使其尾部与音频的第二个节拍点对齐；将时间线移动至第 1 个节拍点，点击"分割"按钮▮，将素材一分为二，如图 8.40 所示。

Step04 选中分割出来的前半段素材，点击"特效"按钮▩，在"边框"类型中选择"车窗"特效，如图 8.41 所示。

图 8.40

图 8.41

Step05 参照 **Step04** 的操作方式，为素材 2 和素材 3 添加"车窗"特效，并在播放器的显示区域将素材 2 移动至画面的左侧，将素材 3 移动至画面的右侧，如图 8.42 所示。

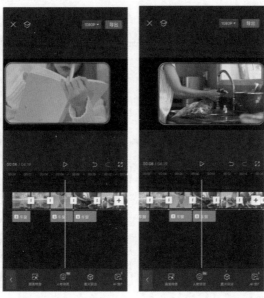

图 8.42

Step06 在时间轴中调整素材 2、素材 3 和素材 4 的持续时长，使素材 2 的尾部与音频的第 3 个节拍点对齐，素材 3 的尾部与音频的第 4 个节拍点对齐，素材 4 尾部与音频的第 5 个节拍点对齐，如图 8.43 所示。

Step07 在时间轴中调整素材 5 的持续时长，使其尾部与音频的第 8 个节拍点对齐。点击"切画中画"按钮 🔀，将素材 6 和素材 7 移动至画中画轨道，将素材 6 和素材 7 移动至素材 5 下方的轨道，尾部置于第 8 个节拍点的位置，如图 8.44 所示。

图 8.43

图 8.44

175

Step08 选中素材 5，点击"蒙版"按钮▣，❶选择"矩形"蒙版，在播放器的显示区域调整好蒙版的形状和大小，❷拖动"圆角"按钮◙，为蒙版拉一点圆角，将素材移动至合适的位置，如图 8.45 所示。

Step09 参照上述方式，为素材 6 和素材 7 添加蒙版并摆放到合适的位置，如图 8.46 所示。

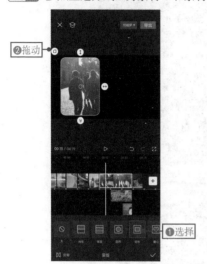

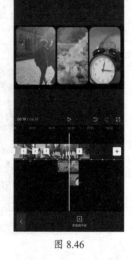

图 8.45　　　　　　　　　　　　　　　　图 8.46

Step10 参照 Step03 的方式为素材 8 添加"车窗"特效，将时间线定位至第 8 个节拍点上，❶点击"添加关键帧"按钮◇，为视频添加一个关键帧，如图 8.47 所示。将时间线移动至第 9 个节拍点上，❷在视图中用两指捏合的方法将视频画面放大，此时，剪映会自动在时间线所在位置再创建一个关键帧，如图 8.48 所示。

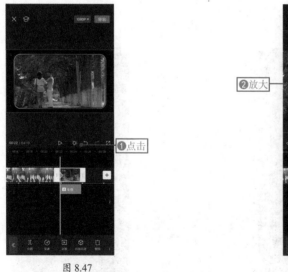

图 8.47　　　　　　　　　　　　　　　　图 8.48

Step11 选择"车窗"特效，点击"作用对象"按钮▣，选择"全局"选项，使边框效果应用于整个缩放动画素材，如图 8.49 所示。

Step 12 将时间线定位至视频的起始位置，点击"文字"按钮 **T**，再点击"新建文本"按钮 **A+**，添加一个文本轨道，输入需要的字幕，并调整文字的模板，如图 8.50 所示。

<table>
<tr><td>图 8.49</td><td>图 8.50</td></tr>
</table>

Step 13 在素材 1 和素材 2 之间点击"转场"按钮 **|**，❶在"热门"类型中选择"推近"效果，将该转场添加至视频轨道，❷再点击"全局应用"按钮，将推进效果应用到所有转场中，如图 8.51 所示。

Step 14 完成所有操作后，播放预览视频，查看影片效果，如图 8.52 所示。

<table>
<tr><td>图 8.51</td><td>图 8.52</td></tr>
</table>

177

第9章
商业影片制作实战

　　本章将结合之前学习的内容进行汇总，从而制作出几个商业项目实战案例。这些案例都是日常生活和工作中常用的，读者可结合案例视频进行学习。本章中的案例制作步骤仅为参考，希望读者可以理解制作的思路，能够举一反三。

9.1　制作商业招商视频广告

商业招商的广告在日常生活中会比较常见，它的制作难度并不是太高，只是需要在短视频有限的时长内传达出大量用户需要了解的信息，这也需要制作者有一定的巧思，如图 9.1 所示，下面介绍一段用剪映 App 制作出用剪映 App 制作出商业招商宣传小视频的具体操作方法。

Step01 在剪映中导入多张"商业"的图片素材并添加至时间轴中，点击"比例"按钮 ，选择"9∶16"选项，如图 9.2 所示。

Step02 选中第 1 段素材，点击"背景"按钮 ，选择"画布颜色"选项，选择棕色，并点击"全局应用"按钮，如图 9.3 所示。

图 9.1

图 9.2

图 9.3

Step03 点击第 1 和第 2 个素材中间的"转场"按钮 ，选择"叠化"效果，将其添加至视频轨道，并点击"全局应用"按钮，将转场效果添加到所有片段之间，如图 9.4 所示。

Step04 将时间线移动到开始位置，点击"特效"按钮 ，在"画面特效"中选择"彩色碎片"特效，如图 9.5 所示，并按上述方式为第二段素材添加"星火炸开"特效。

图 9.4　　　　　　　　　　　　　　　　图 9.5

Step 05 将时间线定位至视频的起始位置，点击"文字"按钮，再点击"新建文本"按钮，添加一个文本轨道，如图 9.6 所示。

Step 06 在"文本编辑"功能区的文本框中输入"开业在即"，并在"文字模板"中选择想要的字体模板，如图 9.7 所示。

图 9.6　　　　　　　　　　　　　　　　图 9.7

Step 07 在时间轴中调整文字素材的持续时长，使其与素材 2 的末端长度保持一致，如图 9.8 所示。

Step 08 参照 Step 05 的操作方式为素材 3 添加一个"彩带"特效，如图 9.9 所示，并按上述方式为素材 4 添加"荧光飞舞"特效。

| 图 9.8 | 图 9.9 |

Step09 将时间线定位至素材 3 的起始位置，点击"文字"按钮，再点击"新建文本"按钮，添加一个文本轨道，如图 9.10 所示。

Step10 在"文本编辑"功能区的文本框中输入"敬请关注"，并在"文字模板"中选择想要的字体模板，如图 9.11 所示。

| 图 9.10 | 图 9.11 |

Step11 在时间轴中调整文字素材的持续时长，使其与素材 4 的末端长度保持一致，如图 9.12 所示。

Step12 点击"音频"按钮，在剪映的音乐库中选择一首合适的背景音乐，将其添加至时间轴中，并对音频素材进行适当的剪辑，使其长度和视频的长度保持一致，如图 9.13 所示。

图 9.12

图 9.13

Step 13 将时间线定位至素材 3 的起始位置，点击"文字"按钮 ，再点击"新建文本"按钮 A+，添加一个文本轨道，如图 9.14 所示。

Step 14 在"文本编辑"功能区的文本框中输入内容，并在"动画"中选择"向上露出"效果，如图 9.15 所示。

图 9.14

图 9.15

9.2 制作电商广告

在网购平台经常可以看到十几秒或几十秒的广告视频，如图 9.16 所示。相比于静态的广告图片，视频往往能更好地展示商品，吸引用户，并激发用户的购买欲，下面介绍一段用剪映 App 制作出的十几秒的电商广告视频的具体操作方法。

图 9.16

Step 01 在剪映中导入 7 张商品照片素材，点击"音频"按钮 🎵，导入一段音乐素材，如图 9.17 所示。

Step 02 点击"踩点"按钮 ⏱，再点击"自动踩点"按钮，在每句歌词的结尾处打上节拍点，如图 9.18 所示。

Step 03 在时间轴区域对素材的持续时长进行适当的调整，使每段素材的结尾均与节拍点对齐，将多余的音乐剪切并删除，如图 9.19 所示。

| 图 9.17 | 图 9.18 | 图 9.19 |

Step 04 分别选择素材 6 和素材 7，点击"切画中画"按钮 ⤭，将它们移动至画中画轨道。使素材 5 置于第 2 和第 3 个节拍点中间，素材 7 置于第 4 和第 5 个节拍点中间，如图 9.20 所示。

Step 05 点击"比例"按钮 ⬜，选择"9 : 16"比例，将画面设置成竖屏显示，如图 9.21 所示。

图 9.20

图 9.21

选择

Step 06 点击"背景"按钮▨，❶在"画布颜色"中选择白色，❷点击"全局应用"按钮，如图 9.22 所示。

Step 07 选中素材 1，在视图中将素材缩小移动至画面的上方，如图 9.23 所示。

Step 08 将时间线定位至视频的起始位置，点击"文字"按钮▋，再点击"新建文本"按钮▲，添加一个文本轨道，输入文字标题，选择文字样式，如图 9.24 所示。在时间轴中调整文字素材的持续时长，使其长度与素材 1 的长度保持一致。

❶选择
❷点击

图 9.22

图 9.23

图 9.24

Step 09 参照 Step 07 和 Step 08 的操作方式，缩放图片素材 2 和画中画轨道的素材 6，置于叠加状态，如图 9.25 所示。

Step 10 选择字幕，点击"复制"按钮▣，将复制的字幕旋转 90°，分别放置在图片旁边，如图 9.26 所示。

Step 11 参照 Step 07 和 Step 08 的操作方式，缩放图片素材 3、素材 4、素材 5 和画中画轨道的素材 7，并设置它们各自的位置，如图 9.27 所示。

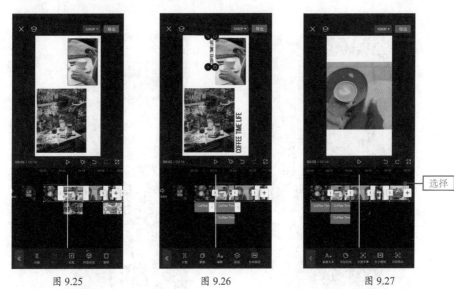

图 9.25　　　　　　　　　　图 9.26　　　　　　　　　　图 9.27

Step 12 选择字幕，点击"复制"按钮 ，将复制的字幕进行缩放并组合，分别放置在图片旁边，如图 9.28 所示。

Step 13 选中素材 1，点击"动画"按钮 ，选择"入场动画"中的"渐显"效果，并将"动画时长"设置为 0.8s，如图 9.29 所示。

Step 14 选中素材 5，点击"动画"按钮 ，选择"出场动画"中的"渐隐"效果，并将"动画时长"设置为 0.5s，如图 9.30 所示。

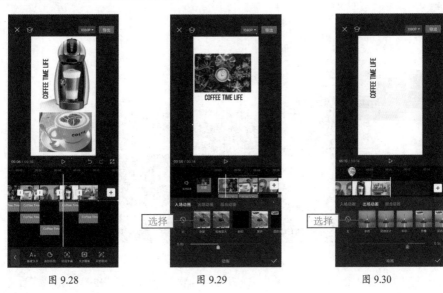

图 9.28　　　　　　　　　　图 9.29　　　　　　　　　　图 9.30

Step15 点击第 1 和第 2 个素材中间的"转场"按钮 ⚀，❶选择"水滴"效果，将其添加至视频轨道，❷点击"全局应用"按钮，将转场效果添加到所有片段之间，如图 9.31 所示。

Step16 时间线移动到开始位置，点击"贴纸"按钮 ⚙，选择"星光"贴纸，将其放置在咖啡杯旁边，如图 9.32 所示。

图 9.31

图 9.32

9.3 制作城市宣传片短视频

城市的宣传视频通常都是极具视觉冲击力和影像震撼力的，如图 9.33 所示，它可以概括性地展现一座城市的历史文化和地域文化特色，树立城市形象，下面介绍一段用剪映 App 制作出的 1 分钟左右的城市宣传视频的具体操作方法。

图 9.33

Step01 在剪映中导入多段关于城市的视频素材；点击"音频"按钮 ⚹，再点击"提取音乐"

按钮，导入音乐素材，如图 9.34 所示。

Step 02 点击"踩点"按钮，再点击"自动踩点"按钮，在每句歌词的结尾处打上节拍点，如图 9.35 所示。

图 9.34

②点击

图 9.35

Step 03 将时间线定位至素材 1 和素材 2 的中间位置，点击"转场"按钮，在"分割"类型中选择"竖向分割"效果，将其添加至视频轨道，如图 9.36 所示。

Step 04 参照 Step 03 的操作方式，在余下的视频片段之间添加不同的转场效果，如图 9.37 所示。

选择

图 9.36

选择

图 9.37

Step 05 将时间线定位至视频的起始位置，点击"文字"按钮，再点击"新建文本"按

钮 ，添加一个文本轨道，在"文本编辑"功能区的文本框中输入"魔都之魅惑"，将字体设置为"经典雅黑"，如图 9.38 所示。在时间轴中调整文字素材的持续时长，使其长度与素材 1 的长度保持一致。

Step 06 选中文字素材，点击"动画"按钮 **C**，①选择"入场"动画中的"逐字翻转"效果，②将"动画时长"设置为 1s，如图 9.39 所示。

图 9.38

图 9.39

Step 07 将时间线定位至素材 2 的起始位置，点击"文字"按钮 **T**，再点击"新建文本"按钮 ，添加一个文本轨道，在"文本编辑"功能区的文本框中输入"［繁华都市］"，将颜色设置为白色，如图 9.40 所示。在时间轴中调整文字素材的持续时长，使其长度与素材 2 的长度保持一致。

Step 08 参照 **Step 07** 的操作方式，为余下的视频素材添加相应的字幕，如图 9.41 所示。

图 9.40

图 9.41